悦 读 阅 美 ， 生 活 更 美

女 性 生 活 时 尚 第 一 阅 读 品 牌
□宁静 □丰富 □独立 □光彩照人 □慢养育

我们的
无印良品
MUJI 生活

[日] 主妇之友社 编著　张峻 译

漓江出版社

目录

Contents

part.1
我喜欢无印良品的缘由　7

- file 001　设计简约，拥有定制的乐趣　　梶谷阳子女士　8
- file 002　兄弟姐妹可以轮流使用的商品
  　　　　　mujikko女士　18
- file 003　怦然心动的美，清新、清爽　　hiyori女士　27
- file 004　让我们享受极简生活的帮手和榜样　　mishieru女士　35
- file 005　色彩斑斓的手作与无印良品相得益彰
  　　　　　市井早苗女士　42

part.2
秀一下我们的无印良品生活　47

- file 001　用途多、材质好、使用时间长、设计和谐，件件都令人满意，我的爱尽在无印良品　　ayako女士　48
- file 002　"还可以用在这里啊！""还可以这样用啊！"令人惊喜的发现，其乐无穷的使用体验
  　　　　　misa女士　56

`file 003` 整洁收纳、时尚装饰的必备品，不论是外观还是使用，
都让人满意到极点　　yuri女士　62

`file 004` 过自在的简约生活，无印良品正是这个理想的缔造者
yuka.home 女士　68

`file 005` 低调的设计，看似风轻云淡，却能完美地融入你的生活
miu女士　74

`file 006` 外观简洁，方便每位家庭成员使用，让收纳充满爱
sati女士　86

`file 007` 去淘你喜欢的物品吧！无印良品会让它们和谐
naomi女士　94

`file 008` 站在使用者立场制作的商品，充满魅力的实用、简洁之美
bota女士　100

`file 009` 打造清爽简洁的房间，舒适的高级感
yuki_00ns女士　108

专栏（Column）

Column 1　百名无印良品粉调查：
从现在开始，最想要的无印良品商品是什么？……………82

Column 2　百名无印良品粉推荐：
爆款！6种反复购买的食品……………………………84

part.1
我喜欢
无印良品的
缘由

我喜欢无印良品的缘由
file 001

设计简约，拥有定制的乐趣
—— 梶谷阳子女士

对梶谷女士来说，快乐使用无印良品的方法之一是"定制"。在绿植盆上贴一句喜欢的英文句子。"仅仅这么一个小小的变化，它就变成了世界上独一无二、属于我自己的无印良品。"梶谷女士说。

梶谷阳子女士

Bloom Your Smile的创始人。整理收纳顾问、无印良品特聘员工培训讲师。著有《无印良品的整理收纳——令每个家庭成员都使用方便、收纳方便》（mynavi出版）、《写给忙碌的人：让家务变轻松的收纳术》（x-knowledge出版）等。

http://bloomyoursmile.jp/
http://ameblo.jp/yoko-bys/

1

2

3

1 在餐厅靠墙放置"多层组合架·3层×3列·胡桃木材",与架子配套的"多层柜·抽屉式·4层·胡桃木材"的抽屉中,排列摆放着不锈钢剪刀、修正带、水性笔、打孔机等无印良品的文具。
2 小学二年级的女儿常在餐厅学习,她的学习用品竖着摆放在"亚克力隔断架·3隔断"中。
3 工作资料分类收在"聚丙烯文件盒·A4用·白灰色"里。梶谷女士经常在旁边这张桌子上工作,一伸手就能拿到自己想要的资料。

从高中时代开始的"鼻祖级"无印良品粉

梶谷女士和无印良品的第一次接触是在她上高二的时候。当时她偶然路过无印良品店,一见倾心。"我第一次买的东西是笔袋,之前我用的都是那种有可爱图案的文具,但看到无印良品的时候,那种简单帅气的设计让我一见钟情。我的无印良品生活就从文具开始了。"

23岁时,她开始一个人生活,热衷于购买电饭煲、烤面包机、吹风机等家电。"好不容易开始独自生活了,我要用自己喜欢的东西。被无印良品所围绕的生活真是充满乐趣。"

结婚之后,她开始把目光转向兼具设计感和功能性的收纳用品。"我本来就是一个很喜欢收拾的人,托无印良品的福,我还知道了很多关于整理收纳更深层的东西。现在突然觉得,在我的人生中,原来无印良品一直就在那里。"她笑道。

1 起居室的电视柜上,不经意地摆放着无印良品的商品。

2 "拉扣式EVA袋"在抽屉中井然有序地摆放,里面装着创可贴等零碎物品。

3 "伸缩式微纤维迷你轻便拖把"和"扫除用品系列·地毯除尘器",即使一直摆在屋子里也不会让人介意。

4 在沙发的下面,放着两个"长方形藤筐·小号"。其中一个里面有个"木制盒",放着遥控器,另外一个用作垃圾箱。藤筐上有三个"不易横向偏移小号挂钩",这样从沙发下面就能很容易把藤筐拉出来,这些细节设计真是用了心思。

5 "瓷器牙刷架·1支用"用来放笔。

第一层：炉灶下第一层抽屉是用起来最方便的位置。这层抽屉中，放着经常使用的烹饪用具和大人用的餐具，使用"聚丙烯整理盒1·2"分装，确定这些小物品的摆放位置。

第二层：放置使用频率较低的烹饪用具、便当用品、孩子的筷子等，这里也使用了"聚丙烯整理盒1·2·4"，原则上一个盒子收纳一种物品。

第三层：放置锅、煎锅、砧板。因为"铁煎锅"有"越用越好用"的特点，所以非常喜欢。另外使用"亚克力隔断·3层"将煎锅竖着分开摆放，用一只手就可以轻松地拿出煎锅。

1 为防止因意外灾害发生停电而准备的"便携卡式炉灶"。"在受灾的沮丧中，如果能用到无印良品，我想我会重新振作的。我还会存些真空包装食品，我们家的防灾贮备都依靠无印良品。"

2 放置防灾储备食品的是"聚丙烯收纳盒·抽屉式"，由"深型""浅型""薄型"组合而成。"浅型"收纳盒的尺寸正好可以横着摆放罐头食品。

不论什么场所、何种室内装饰，无印良品都与之完美契合

对于梶谷女士来说，无印良品的魅力首先是："品种丰富。形状和设计虽简单，但有各种尺寸。不管何种收纳场所，都能找到完美契合的商品。尤其给客户做房间整理收纳设计时，我切身感受到了这一点。"

无印良品让人惊艳的优点还有："不受室内装饰风格限制，不论面对哪种装饰风格——北欧系、单一系、亚洲系……都与之相得益彰。所以很多人喜爱无印良品。"

"不仅如此，这些贴心的物品还能激励我。当我在心里抱怨'今天好累啊，还要做晚饭，真是很麻烦'的时候，只要看到厨房里摆放的无印良品，就恨不得立刻开始做一顿美餐。就这样，生活中的每一天，无印良品都是一份小小的活力之源，让我元气满满。"

1 在床的旁边放着一个"小型不锈钢柜"，柜子上放着那些"躺在床上一伸手就可以拿到"的物品。颜色全是无印良品的白色系，非常清爽。

2 "聚丙烯垃圾箱·方型·迷你"上附有磁力贴，一个用作垃圾箱，另一个用来放眼镜。从放在柜子上的"便携式LED灯"到周围的所有物品，全都是无印良品。

3 在没有客人的时候，我们会把下面放置的"聚丙烯文件盒·A4用·白灰色"转个方向，里面装着睡觉前阅读的绘本、儿子的尿布、湿纸巾等。

4 抽屉里放着体温计、指甲刀等儿童用物品。

1 "可重叠长方形藤编筐·大号"里可以放置过季的衣服，盖上"可重叠长方形藤编筐用盖子"。"藤制产品通风很好，一段时间内不穿的衣服，推荐用藤筐保管。"藤筐上无法贴标签，在筐上挂上"小号不易横向偏移挂钩"，把每个筐里的物品名写好标签挂在上面，想找什么时就一目了然了。

2 "铝制洗涤用衣架"兼有晾晒和收纳功能，晾干的衣服可以直接挂在衣柜里。

3 这是"不锈钢架·帆布筐·不锈钢隔板·宽56cm型号"的组合，针织毛衣类服装折叠起来放入筐中。

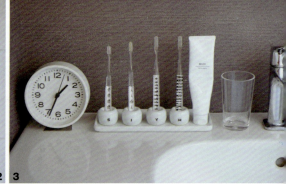

1 卫生间镜子后的收纳柜中，放着数个"聚丙烯刷具·眉笔筒"，丈夫的每个洗漱用品都单独放进一个筒中，这能防止东西都挤在一起，不会杂乱无章。摆放在上层的是常用的洗面奶、化妆水、乳液等基础化妆品，是"敏感肌肤用系列"。

2 在抽屉中，放着两个"聚丙烯化妆盒·1/2"，盒里分别放着吹风机和电源等，完美解决了吹风机的电源线总是纠缠不清的问题。

3 在每个"瓷器牙刷架·1支用"上，分别贴了家庭成员名字的首字母，成为定制款牙刷架。洗脸台上放着"白色托盘""牙膏""小水杯""小钟表（含支架）·挂式钟表·白色"，它们整齐清爽的样子，让人一大早就心情舒畅。

4 洗衣机上放着"18-8不锈钢筐"，可以临时放置需要分开洗涤的衣物。

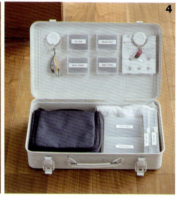

1 每天外出需要拿的东西放在以前在无印良品买的"包中包（bag in bag，大型提包内的装化妆品的小包）"中。更换包的时候，直接把它放到包里就可以了。

2 这里是楼梯间的收纳空间，可以称之为整理收纳顾问梶谷女士的收纳技巧和无印良品商品的精彩合作。"纸质箱·浅褐色"像拼图一样组合在一起，"聚丙烯文件箱·标准型号·宽型·A4用·白灰色"即使横向放置也和柜子很搭！

3 手账使用的是"塑料膜封皮、书写顺滑月份手账"。利用打印服务，在手账的封皮上印上了梶谷女士个人事务所名字"Bloom Your Smile"的头三个字母，成为一本定制手账。

4 最近开始使用的钓鱼用具收集在"不锈钢工具箱3"中。利用"聚丙烯文具盒""聚丙烯急救盒"等来收纳零碎物品。

5 女儿房间的"多层架"是少女风格，装饰得非常可爱。女儿很喜欢那个"郭公报时挂钟"（这个颜色的已经不再销售）。

我喜欢无印良品的缘由
file 002

兄弟姐妹可以轮流使用的商品

—— mujikko女士

对无印良品的家具一见钟情,以此为机缘开始爱上收纳

餐桌、箱子、橱柜的搁板上以及起居室和餐厅的显眼家具,都是无印良品,这就是人气博主mujikko女士的家。在温和的橡木材质感中,布艺沙发和日常用品的蓝色,还有植物的绿色发挥了巨大的作用,mujikko女士独有的清新时尚风室内装饰就此完成。

看到这个家,不用说就知道是无印良品的粉丝。4年前搬到这个家的时候,mujikko女士买了无印良品的餐桌和椅子,估计这就成了"导火索","一见钟情买的桌子和椅子,真的是太喜欢了,为了搭配它们,家具和收纳用品越来越多。尤其是收纳用品,随着孩子们的成长,装的东西和摆放的位置也在变化,能够适合各种用途,真是不错呢。多层的长方形藤篮、不锈钢收纳筐等,根据不同时段的需要,可以随时调整摆放的位置。"

1 在柜子上面的墙壁上，安装了"壁挂式家具·架子·宽44cm·橡木"，用来陈列一些小物品。墙上还安装了一个"壁挂式CD播放器"。

2 在柜子的抽屉里，放置着孩子的擦手巾、餐垫等，基本是餐桌周边使用的物品。

3 打开架子的白色隔板，可以看到里面排列摆放着文具。胶带、打孔机、手动碎纸机、彩铅都是无印良品的商品。放笔和剪刀的"亚克力小物架"的分隔板是斜面，方便取出和放入。

4 以前放在沙发前面的"无垢材矮桌"现在搬到了孩子专用的学习空间。

5 自己从"聚丙烯移动（carry）盒·带锁·小号·薄型"里拿图画的女儿。

"无印良品"的客厅和餐厅。开放式厨房的收纳空间里，左边是"多层架"，右边是"橡木大号柜·木质门"。架子上放了一些孩子在客厅用的物品，柜子里储备了一些食品。

餐厅的架子上排列摆放着无印良品的收纳用品。"聚丙烯文件盒·A4用·灰白色"中分类放着说明书、DIY用品、书信等，因为看不到里面，所以排列起来非常整齐、漂亮。

1

2

3

4

1 起居室（P20）的背面，在"壁挂式家具·横版"和架子上，摆放着一些日常小用品和绿植作为装饰。
2 明亮的蓝色是我憧憬了很久的颜色，因此毫不犹豫就购买了这套"沙发"和"沙发·搁脚凳"。这套组合毫无压迫感，使房间显得更大。
3 下面摆放着"可重叠长方形藤编篮子·中号"，藤篮中装着无印良品的扫除用品和电脑的电源线等。
4 架子的第二层摆放的是无印良品的"亚克力相片·明信片盒"，设计相当出色。

瑞典制架子与无印良品的商品完美匹配。让这款架子显得更漂亮的窍门是：别把物品摆得太多、太挤。

餐厅的侧面摆放着"组合式木架",主要用来收纳孩子们的东西。以前用的是3层×4列的架子,现在为了让儿子能自己放书包、整理课程表中需要的书本用具,把架子分解成了3层×2列,并且横着摆放,这样高度就正合适了。分解后多余的架子又和新买的部件组合在一起,放在起居室里。

支持孩子自己动手、培养独立能力的"儿童收纳"

关于儿童收纳,无印良品注重"我自己能行"的理念。

"比方说袜子,我们会给孩子们准备专门放袜子的盒子等,明确每种物品的摆放场所。另外,为了让孩子们拿起来方便,物品要放在比较低的位置,这一点也很重要。这些虽然看起来是小事,但孩子们可以自己选袜子、自己穿的话,妈妈会轻松很多。"

另外,对于那些还不太会整理的小小孩,可以使用一些有标志的盒子,它们可以方便小小孩们做到"自己拿出来,再自己放回去"。

在mujikko女士的家里,孩子们"我自己能行"的理念处处可见。

1年前的"多层架"

1 孩子和妈妈有个约定，要把第二天上课的东西准备好才可以玩游戏。所以孩子放学回到家后，立刻就会把第二天上课需要的书本和用具准备好。

2 在玄关的过道上，安装着"壁挂式家具·3连衣架·橡木"，挂着孩子外出时需要的物品。

3 孩子和妈妈还约定每天可以打30分钟游戏，于是儿子用无印良品的"厨房定时器"精准计时，每次游戏间断，他都会把定时器暂时停止，好能最大限度地使用那宝贵的30分钟游戏时间。

4 孩子们的袜子放在"可重叠长方形藤篮"中，放在里面的"可重叠长方形X藤篮·小号"收纳过季的袜子。

5 在玄关处叠放着"18-8不锈钢·钢丝篮4"和"18-8不锈钢·钢丝篮2"，里面放着头盔和外出游玩时的用品。

我喜欢无印良品的缘由
file 003

怦然心动的美，
清新、清爽

—— hiyori女士

hiyori 女士

备受关注的人气博主，擅长白色基调的室内装饰和干净清爽的收纳术，有选择精品的判断力，还是公认的餐桌装饰达人（餐桌协调人，负责安排餐桌、菜单、餐具等）。

有时，她的博客"hiyori的话"中介绍的商品会立刻卖断货。著有《hiyori的展示收纳/隐蔽收纳》（magazine house出版）等。

http://plaza.rakuten.co.jp/hiyorigoto/

"聚丙烯收纳盒·抽屉式·深"里放着家电说明书、目录、急救用品等。每个盒子上都贴上标签，标明物品的收纳位置，这一点也非常重要。

无印良品的黑色小相册里，存放着过去那个年代冲洗出来的照片，那时大家都是使用胶卷相机的。

这盆观赏植物是从无印良品网店购买的限定商品，花盆配有带水位计的吸水盆底，不用配花盆托盘，非常方便。

"扫除用品系列·地毯除尘器"可以竖着放在房间里，除尘器装在配套的壳子里，完成扫除后可以从壳子的任何位置装入，从使用到收纳都毫无压力，很轻松。

"空气净化器"的设计和室内装潢搭配和谐，大小适中，可以用于30榻榻米的面积。这台"空气净化器"更换滤芯非常方便，这一点我也很中意。

楼梯下的储藏室中，用"聚丙烯文件盒"存放日用品。常用的物品放在第二层，这个高度正好在视线下面，不用把盒子拿出来就可以看到里面的物品。文件盒整齐摆放的样子让人心情舒畅。

根据用户不同的意愿，无印良品的使用方法也随之多种多样，这就是无印良品的魅力

　　hiyori女士的室内装饰理念是"越来越热爱我的家"。她会严格挑选，只买让她心动的商品，充分享受愉悦舒适的居家时间。hiyori女士信赖的就是无印良品的收纳用品。

　　"无印良品的用途不拘一格，可以在各种场合充分使用，比如用文件箱装日用品或者鞋子等。另外，在网店的商品评论或收纳达人的博客等媒体里，还会介绍一些出人意料的使用方法。正因为无印良品是被许多人喜爱的品牌，所以我能看到这么多使用者提供的各种信息。购买商品的时候，我也会去参考这些信息，会去想：别人是怎么使用这个商品的呢？从别人的经验中也会得到启示。买了之后能持续喜欢，持续使用，这是令人开心的事。"

1 洁白的"印度棉高织酒店式被罩"是无印良品热销商品,让房间显得"高大上",被罩材质非常亲肤舒适,每次躺在床上都心旷神怡。

2 同系列的"枕套""床单"组合,优良的质地让人很想把脸贴在上面,去细细享受那种柔软舒适的感觉。

3 客房的沙发是两个"附脚床垫·独立式樽型弹簧·单人"组成的L形,客人如果需要留宿,可以直接当床用。

4 壁橱里的收纳用的是"聚丙烯收纳盒·横宽型",最上层的抽屉是空的,用来临时放置只穿了一次的衣服。

每次看到都让人陶醉,无印良品是支持美好生活的实力派商品

hiyori女士从小就对家居充满兴趣,看到公寓户型图的广告单,就会想象"这个房间里买什么家具,怎么摆放",这让她非常快乐。hiyori女士会参考一些海外的家居杂志,她挑选东西非常讲究,只选择那些她从心里喜欢的商品。

"日用品和消耗品也一样,希望挑选那些一看到就令我心动的商品。合适的价格、漂亮的设计,而且方便好用,每次看到具备了这三点的商品,我都特别高兴。床上用品和牙刷,都是最具代表性的东西。洁白的床单和枕套像星级酒店那样整洁舒适,躺在上面可以美美地入睡。牙刷也是干净利索的简单设计,还有许多其他我喜欢的物品,它们虽然在我的生活中司空见惯,但是每天都带给我小小的幸福感。无印良品提升了我的家居生活品质,今后我还是会反复购买无印良品,这一点不会改变。"

1 "替换用棉棒"放在我喜欢的白色带盖瓶子里，大小正合适，就像是命定的搭配。
2 洗脸后使用的擦脸巾放在"可重叠藤编长方形盒子·小号"里面，每次使用后都会将擦脸巾洗净，叠放起来。
3 明亮的开放式洗漱间是我喜欢的空间。棉棒、牙刷、洗手皂等整齐地放在白色托盘里，给人清爽的印象。

厨房的基调是白色和一种柔和的黑色（不是纯黑）。去年，hiyori女士对自家的厨房收纳进行了改良。

1 清理厨房用的刷子等扫除用具竖着放在"米瓷餐具收纳瓶"里。
2 把"聚丙烯整理盒2"放在抽屉里，大小正合适，然后把餐具整齐地摆放在整理盒中。
3 棉麻的桌布可以垫在餐具下面，和餐具配成一套。用这种桌布包便当盒也很方便。
4 煮意大利面或者用锅做米饭，都会用到"厨房定时器"。鉴于每天做料理几乎都会用到，就把它放在抽屉里的特等席位，用的时候可以很方便地拿出。

有些点心零食与正宗沙司或者下午茶非常搭配,我平时总会储备一些,以便随时可以享用。今天是"柠檬鸡肉和番茄奶油意面酱"的意大利面午餐。

火锅、清炖……冬天,看着锅中冒出热腾腾的蒸汽,有种暖洋洋的幸福感。"便携卡式炉灶"用完后只要擦一下就干干净净,这一点也让人高兴。"米磁搁勺圆碗"和"不锈钢·除浮沫勺"也非常好用。

悠闲放松的下午茶时间。"木制·方形托盘"里摆着小点心和焙茶,为愉快的聊天锦上添花。

客厅的基调为白色,早期购买的无印良品原木家具和"壁挂式家具"为茶色,与灰色的地毯搭配和谐,给人大方舒适的视觉感受。

mishieru女士

极简主义者。丈夫是美国人，因为丈夫的工作变动，自结婚以来mishieru女士搬了5次家，曾经在夏威夷和加利福尼亚等地居住。现于神奈川居住。著有《"家政课"得2分的我也可以熟练掌握、轻松做好家务的10个法则》《简单生活的55个启示》（SB Creative 出版）。

我喜欢无印良品的缘由
file 004

让我们享受极简生活的帮手和榜样

——mishieru女士

客厅的桌子上放着"木制·方形托盘",托盘里放着笔、剪刀、铅笔刀,这些都是我用得很顺手的文具。家人使用之后也会放回原处。

舍弃多余的物品,留下的是无印良品

mishieru女士的书中,写了很多用少量物品过清爽生活的秘诀,受到读者好评。虽说mishieru女士是极简主义者,但她的家仍然满是自然、温暖、亲切的气氛。尤其柔和的阳光淡淡地照进简洁明快的客厅时,置身其中,似乎能感觉到时间在安静、顺畅地流逝。真是一个让人舒适的空间。

"我过去很喜欢家居装饰和一些零碎的小东西,曾经家里也有很多东西。从美国搬到现在这个家的时候,因为偶然的事故,我的行李一个月都没有运到。所以我们就用最少量的生活必需品度过了一个月,没想到日子过得非常惬意。以这件事为契机,我对家里的东西进行了大整理,减少了很多物品,只留下了自己特别喜欢的东西。现在我家里80%都是无印良品的商品。"

"因为工作调动,我日本国内、夏威夷、加利福尼亚都居住生活过,不论国内还是国外,不论什么样的家居空间,无印良品都能与之融合。这样强大的设计,让人叹服。"

1 mishieru女士有三个孩子，分别是10岁、8岁、5岁。原来，mishieru女士家里有许多玩具，和孩子们一起整理后，就把不再玩的送出了。矮桌下面放着三个"聚丙烯文件盒·标准型·宽型·A4用·白灰色"，留下的玩具全放在这三个盒子里。

2/3 孩子们经常在客厅里写作业。在沙发的旁边放着两个"聚丙烯文件盒·标准型·宽型·A4用·白灰色"，用来放孩子们的课本。

4 每个孩子都有一个放玩具的文件盒，盒子上贴着胶带，上面写着名字。

5 由"组合柜·幅162.5cm·基本型·橡木材""组合柜·木质门（左右组合）·橡木材"和"组合柜·玻璃门（左右组合）"组成了电视柜，柜子里只放相关的器物。

6 在"壁挂式家具·架子·幅44cm·橡木材"的上面，放着我爱用的"瓷器超声波香薰机"。

1 在厨房里也有很多无印良品的商品。在"聚丙烯收纳架·深大型"里把"聚丙烯收纳架·薄型"倒着放进去,恰到好处。

2 香辣料和其他调味料放在"聚丙烯·化妆盒·1/4纵半型"里,拿取方便。如果脏了可以直接清洗,非常卫生。

3 洗面台的下面放的东西不多,干净利索。"聚丙烯文件盒·A4用·白灰色"用来放洗涤剂等,文件盒的大小是固定的,所以只能放这么多。

4 / 5 化妆品集中放在"聚丙烯化妆盒系列"里,"1/4"尺寸放粉底、腮红,卷发夹竖着插在"白瓷牙刷架·1支用"上,想用的时候一下就可以拿起来。"带隔板1/2横半型"放刷子、睫毛膏等,每一个格子放一件或两件物品,既好找又好拿。

工作时用的文具集中放在"聚丙烯便携式收纳盒·宽型·白灰色"中,可以随意挪动,使用方便。

1 未处理的付款单放在"亚克力信件夹"中,信件夹是透明的,能够帮助提醒不要忘记缴费。

2 学校和幼儿园发的资料装在"聚丙烯资料夹·侧面收纳"里,每个孩子装一个,每次只收纳当月的资料,到下个月就会把上个月的处理掉。

3/4 收纳抽屉上用胶带做了标签。标签的底色是黑或灰,上面写上白色的英文字。这是mishieru女士的风格。胶带装在"亚克力胶带座·小号"上,使用起来特别方便。

1 反映mishieru女士生活方式的壁橱。打开壁橱的门，里面所有的物品都一目了然，早上挑选衣服的时间缩短了许多。严选自己喜欢的衣服，并且像商店那样采用"展示收纳"的方式，看到这些心爱的衣物收纳得整整齐齐，心情也清爽美好起来。
2 衣架统一，服装挂起来的高度就基本一致，视觉效果很好。挂裙子用的是"聚丙烯衣架·妇人用·带夹子"。
3 "亚克力箱用丝绒内箱隔板·格子·灰色"放耳环等饰物，"可重叠编长方形篮·小号"收纳内衣。

在无印良品的商店，到处都是关于生活、关于收纳的创意

美国的住宅格局等与日本不同，但设计简约的无印良品家具和收纳用品与美国住宅也能完美融合。mishieru女士不太习惯在美国生活，无印良品给她带去故乡的气息。"在来美国之前入手了'棉质擦碗布'，到美国后送给那些不能经常回国的朋友，大家都非常高兴。"

现在的mishieru女士过着极简生活，餐桌、沙发、椅子、床、收纳用品等都是无印良品的，在她舒适的生活中，无印良品不可或缺。"我经常去无印良品店看商品的组合搭配，从中得到很多启示和灵感，也会觉得生活真美好，自己也更加充满活力。"

对爱上极简舒适生活的mishieru女士来说，无印良品不仅是她的帮手，也是她的榜样。

1"橡胶时钟"和"橡胶温度湿度计"。小巧的湿度计是干燥冬季的必需品。

2 / 3 灵活利用墙壁进行装饰。"壁挂家具"系列的"横板"上,摆放着不多的几件小饰品。这很符合mishieru女士的风格。在餐厅、玄关、卧室里也有这种简洁的点缀。

摘自:《极简生活with无印良品》(SB Creative 出版)

市井早苗女士

在从事本职工作的同时，还是活跃的刺绣等手工艺品的创作者和培训师。她还养了两只猫咪，都是苏格兰折耳猫——mieru（12岁母猫）和taro（8岁母猫）
http://www.veryins.com/mapletirol

我喜欢无印良品的缘由
file 005

色彩斑斓的手作与无印良品相得益彰

——市井早苗女士

第一次意识到家里有很多无印良品

当本书的编辑找到市井女士，对她说"我们正在进行关于无印良品生活的取材，希望得到您的分享和支持"的时候，市井女士非常惊讶："我有很多无印良品么？我自己完全没有意识到啊。但是环视我的房间，无印良品果然很多啊（笑）。"

市井女士还是一位工艺品制作人，做刺绣、串珠、珠子、编织等，作品风格多样。"因为制作需要，我要备好毛线、布、珠子等材料。这些材料色彩斑斓，购买收纳用

品时，我可能是情不自禁地就选择了无印良品。"

装着各色珠子、纽扣等手作原材料的玻璃瓶，与无用良品的篮子、白色聚丙烯收纳用品等搭配和谐，散发着一种独特的韵味。市井女士家还有两只可爱的猫咪，它们的食物放在藤编篮子中，有时候篮子还是猫咪舒服的睡床。

"可重叠藤编长方形篮·小号"和"可重叠藤编长方形篮用盖子"配套，铺上塑料垫，放着猫咪的食物和水。篮子里放着猫粮和一些宠物用品。

卧室的墙上装饰着一排市井女士的作品，猫咪mieru正在卧室里放松休闲。

"可重叠藤编长方形篮子·中号"是猫咪taro的休息区。

1 壁挂架子上收纳着各种颜色的线。在架子下面摆着"可重叠藤编长方形篮"的"中号"和"特大号",用于收纳毛纺等手工材料。因为实在太喜欢毛纺制作,所以忍不住入手了一架毛纺车,放在屋子里成了室内装饰的一部分。
2 工作台下面排列着几个"聚丙烯柜子",柜子里收纳手工艺品原材料。
3 床的旁边放着"可重叠藤编长方形篮"的"中号"和"特大号",里面放着按摩用物品和加热眼罩等休息时的放松用品。
4 带盖子的"可重叠藤编长方形盒"中放着餐巾纸、毛线,这种盒子是10年前购买的,现在已经不再销售。
5 三个"聚丙烯化妆盒"叠放在一起,放在缝纫机的旁边,最上面的是"聚丙烯化妆盒·带盖子·大号",里面放着线和缝纫机用品等。
6 在工作空间的墙壁上装饰着市井女士的刺绣作品。
7 在手工艺制作教室里,"聚丙烯整理盒1、3"作为工作托盘使用。

part.2
秀一下我们
的无印良品
生活

file 001 | 秀一下我们的无印良品生活

用途多、材质好、使用时间长、设计和谐，件件都令人满意，我的爱尽在无印良品

ayako女士
Instagrammer/博主

因为设计简约所以用途多种多样，发现最适合自己的新用法是一件快乐的事！
收纳用商品的材质和尺寸丰富，在收纳遇到困难的时候，无印良品会帮你解决。
无印良品和我家的家居布置搭配和谐，
默默地关照着那些我喜欢的物品，是我家的无名英雄。

家庭构成	丈夫、长子（1岁）的三口之家
住所	独栋
Instagram	https://www.veryins.com/at.mame.guri

产前产后，随着生活的变化
灵活组合，充分使用

附脚床垫·小型、舒适沙发

在孕吐强烈的时期，白天我会在"附脚床垫"上休息。孩子出生以后，白天哺乳、换尿不湿等照顾孩子的时候，我也喜欢使用"附脚床垫"。孩子能翻身之后，我们把卧室里的"附脚床垫（双人）"横着摆放，让床更宽大，我们一家三口呈"川"字形在上面睡觉。

抱着孩子哄他睡着后，我会把他放到被子里，有时会让他不开心地醒过来。这时只要把他放到"舒适沙发"上，他就会继续香甜地入睡，"舒适沙发"真是帮了大忙。

正因为是无印良品，所以能够随着生活的这些变化而灵活使用。

纸板材质的收纳用品和木制工作台的完美搭配

在客厅·厨房空间和玄关·浴室·卧室空间之间，有一个房间，里面放着一张大桌子，我会在这里整理资料、处理文件，或者写写东西，有时也做做缝纫。这个房间成为我的工作间。

另外，这个房间里还放着各种各样的物品。各种资料集中放在"一按可成型纸板立式文件盒"中，这种文件盒外观大气、价格便宜，作为常用的资料收纳盒，可以随时购买、调换。纸质环保材料，可以安心用。我三次搬家都带着这些文件盒，不论在哪个家，它们都非常好用。

一按可成型纸板立式文件盒·5枚组·A4用、一按可成型纸板文件盒·5枚组·A4用

"再生纸笔记本"系列的周记本、月记本、家庭收支簿，三个笔记本管理所有家务

再生纸笔记本·周记本、月记本、家庭收支簿

牛皮纸便签

我用"再生纸笔记本"记录与家务相关的事项。所有事都记在一个本子上容易混乱，所以我分着记。需要筹备的事用"周记本"，家务备忘录和有关育儿的事用"月记本"，家庭支出和信用卡管理用"家庭收支簿"。三种本子的外观风格统一，看着很舒服。

"牛皮纸便签"可以记临时起意的好想法，或写采买清单等。刚生完孩子的忙碌期，我们把便签贴在冰箱上作为备忘提示。这种便签纸不花哨，很顺眼。

厨房收纳用品可以直接清洗，干净卫生

厨房的收纳用品容易潮湿，脏了也不好清洗。这曾是困扰我许久的烦恼。后来，我用可整体清洗的"不锈钢网篮"和"聚丙烯文件盒"解决了这个问题。我把它们放在开放式架子上。这样组合，还可以随时根据东西的多少增减网篮和盒子，这一点很合我心意。因为可以看见里面装的东西，所以也不用贴标签。这样，厨房就可以轻松地保持干净。

聚丙烯文件盒·标准型·宽型·A4用、18—8不锈钢网篮·3

"希望保持海绵的清洁！"两件好用的商品帮我实现了这个想法

"附手柄海绵"挂在水槽处的横杆上，这样不容易掉，用着也方便。原来只能把海绵放在台面上，总觉得不卫生，现在，终于能让它们悬在空中了。

清洁洗面台时，用"聚丙烯带盖香皂盒·小·更换海绵"。海绵洗净后裹在毛巾里一拧就干了，很卫生。

这些用法都是我自己的小创意，解决了不少问题。

附手柄海绵、聚丙烯带盖香皂盒·小·更换海绵（2枚装）

进深较深的电冰箱，
可以用盒子把里面的空间充分利用起来

冰箱里用的是半透明的"聚丙烯整理盒"，不必再贴标签。取东西时直接拿盒子出来，缩短了开门时间。

蔬菜室比较深，用上"聚丙烯化妆盒"后，蔬菜室就变得好用了。新鲜蔬菜放到化妆盒里收纳，即便菜上有泥土也不会将冰箱弄脏，吃的时候直接连化妆盒一起拿出来清洗就行。

相同材质，各种尺寸的盒子组合在一起，冰箱里变得既整齐又便利。

聚丙烯整理盒2、聚丙烯化妆盒

将"聚丙烯整理盒"当作模具，把米饭做
成大小相同的饭团，整齐地放进冷冻室

将"聚丙烯整理盒"当作模具，把米饭做成四方形的饭团，再用分类盒把饭团严丝合缝地摆满冷冻室，不仅看着舒服，还可以提高冷冻效率，节约电费。

"聚丙烯保鲜膜盒"设计简约，不像普通的保鲜膜盒那样碍眼，还可以重复使用，真是好处多多。

聚丙烯整理盒1、聚丙烯保鲜膜盒·大号

"竹筷"可以作为普通筷子使用，这些设计洗练的餐具真是招人喜欢

我准备了很多烹饪时使用的餐具。有一种10双一套、设计简单的"竹筷"，是我常年购买、一直使用的商品。

"茶勺"和"茶叉"也非常实用，可以搅拌调味料、品尝味道等。这个系列的餐具是不锈钢材质的，没有接缝口，不会藏污纳垢，非常卫生，而且设计洗练，我很喜欢。宝宝刚开始吃辅食的时候，我们用"咖啡勺"喂宝宝，"咖啡勺"和婴儿小嘴的大小正好合适。

这些餐具的价格都不贵，所以准备了很多，不用每次都清洗，用完之后一起洗就可以了，做料理的时候也能省事不少。

竹筷10双装、不锈钢茶勺、不锈钢茶叉、不锈钢咖啡勺

设计风格简约低调的电器产品，不论颜值还是功能，都让人舒心

"太阳能厨房电子秤"设计简约，与厨房的整体氛围完美融合。外观漂亮，称量食品很方便，太阳能充电……各方面的功能都很出色。

这是我非常中意的洗衣空间。"空气循环风扇"低调、认真地发挥作用——吹干服装。风扇里会堆积灰尘，这个风扇分解起来很简单，后面也很光滑，便于清洁，非常好用。

无印良品的家电设计简约，和房间的布置搭配和谐，令人心情舒畅。

太阳能厨房电子秤、空气循环风扇（低噪声风扇·大风量）

浴室收纳：搁板+聚丙烯盒子，优点多多，以抽出的方式使用

内衣等分类放入"聚丙烯化妆盒"，码在搁板上随抽随抽，优点多多：半透明可视化收纳；方便清洗；很轻，放到高处也很安全。底层搁板用"聚丙烯文件盒"装清洗剂和卫生纸等物品。打开的补充装放进文件盒，即使漏出来也很好清洗。这种收纳，成本较低，方式灵活，能轻松应对家庭人数的变化。

聚丙烯化妆盒、聚丙烯文件盒·标准型·宽·A4用

将洗剂重新装到"PET分装瓶"里，扫除洗涤时间大幅减少

我将洗衣液等都重新分装到"PET分装瓶"里，可以通过按压盖子次数控制洗剂用量，非常方便。原来是把洗剂倒在瓶盖里测用量，有时手上也会沾上黏糊糊的洗剂。使用"PET分装瓶"就没有这种担心了。

无印良品的分装瓶还可以用在其他地方，比如装自己做的扫除用柠檬酸水、碱水。分装瓶设计简单，没有多余的装饰，很好打理。如果要花很多时间和金钱去清洁"扫除用具"，就是本末倒置了。

PET分装瓶·白色·400ml用

分装瓶的价格也很亲民。

选择过了婴儿期，还能继续使用的简单商品

我不想买只供婴儿专用的商品，会尽量寻找即使过了婴儿期还可以继续使用的。所以，我给宝宝选择的指甲刀是"不锈钢安全剪刀"。这种剪刀不像一般的婴儿用品那样颜色鲜艳，简约的设计令人感觉很踏实。宝宝过了婴儿期后，全家人都能接着用。

婴儿的洗澡用品大多只能使用很短的时间。我找到了一种单手水桶，宝宝可以一直用，日常家用也很合适。桶身简洁光滑，很好清洁，把手的角度设计舒适合理，让忙忙叨叨的洗澡时间也变得惬意。

不锈钢安全剪刀、聚丙烯单手桶

手电筒改作晚上照顾宝宝用的夜灯，即使在夜里，"电子定时时钟"也能看清时间

有段时间，我需要不时在夜里起床，看看宝宝的情况，或者给宝宝换尿不湿、喂奶等。我把无印良品的手电筒当作为卧室的常用夜灯使用。手电筒直接放在那里，调节为2阶段亮度，这个亮度既不会太亮也不会太暗，在夜里用起来很方便。手电筒是之前就买好的，原本是作为停电等突发状况下应急用的。生了宝宝后，正好当作夜灯。等到不需要夜里照顾孩子时，手电筒回到原来的角色就可以了。

"电子定时时钟"的显示数字很大、在夜里也能看得很清楚。闹钟的音量可以调节，很便利。因为有宝宝，所以很注意室内的温度和湿度，这个电子钟上都可以显示，非常实用。

LED聚碳酸酯手电筒、电子定时时钟（附带大声闹钟功能）

"聚丙烯服装箱·抽屉式"
可以隐约看见里面的物品，使用方便

聚丙烯服装箱·抽屉式·大号

"聚丙烯服装箱·抽屉式"里放着过季服装和一些日常消耗品等。聚丙烯材质的商品不易发霉或者生虫，可以安心使用，而且聚丙烯商品可以直接整体清洗，常年使用耐久性很好。因为是半透明的，即便频繁更换里面的物品，也能随时看到，不用贴标签。也因为不是完全透明的，不会造成视觉上的杂乱。

我家的内装木制物品很多，无印良品的商品能巧妙地融合于这种氛围，毫无违和感。

和市场上出售的其他产品完美搭配也是无印良品的魅力之一，
让收纳工作变得毫无压力

聚丙烯便携（carry）盒·带锁·大号

在收纳中使用了很多"聚丙烯便携（carry）盒·带锁"，正好可以收纳DVD等物品。无印良品的收纳用品根据规格不同，尺寸随之变化，可以收纳任何日常物品。估计无印良品在设计时也考虑到了DVD和CD的直径。

盒子中用作隔断的纸袋不是无印良品的产品，但正如图片中看到的，尺寸非常合适。很多时候，无印良品和其他牌子的产品也可以组合搭配，不会造成浪费。每次看到无印良品和其他商品完美组合的瞬间，就会情不自禁地欣喜，这也是收纳的乐趣。

整齐有序的收纳，看起来赏心悦目，用起来得心应手，就是生活中的小幸福。

file 002　秀一下我们的无印良品生活

"还可以用在这里啊！""还可以这样用啊！"
令人惊喜的发现，其乐无穷的使用体验

misa女士
Instagrammer

简约、规格齐全、适用于各种收纳；
很多产品不限定用途，根据生活的变化灵活使用，可以一直爱用下去；
经典商品随时可以购买的安心感……
无印良品带给我很多幸福。

家庭构成	丈夫、长子（5岁）、次子（3岁）的四口之家
住所	大阪　公寓（3LDK）
Instagram	https://www.veryins.com/ruutu73

"聚丙烯收纳盒"组合，
充分利用壁橱的"纵向空间"

根据使用场所，"聚丙烯收纳盒·抽屉式"可以自由组合变换、很方便。因为希望有效利用壁橱的纵向空间，所以我精确地测量了尺寸，选择了合适的商品。
　　清理和式房间里的地毯时使用的"扫除用品系列·地毯除尘器"竖着放在壁橱的固定位置，从侧面就可以直接把除尘器从外壳里拿出来。

聚丙烯收纳盒·抽屉式·小、聚丙烯收纳盒·抽屉式·横宽·小和大、聚丙烯收纳盒·抽屉式·深型、扫除用品系列·地毯除尘器

将家里的无印良品重新组合，做成5岁儿子的更衣空间

聚丙烯收纳盒·抽屉式·小、铝制衣架·领带/领巾用

家里原来有小号的"聚丙烯收纳盒·抽屉式"，我重新组合，做成了5岁儿子的更衣空间。我将最上层的抽屉抽出来不用，直接放一些随时穿的衣服，下面抽屉放了什么会在外面贴上标签。因为商品本身设计简约，所以可以用一些心思做各种各样的加工。

绘本包每周只需要带两次。前一天，会将绘本包挂在更衣空间里。这时用到的是"铝制衣架·领带/领巾用"，它不但可以挂在杆子上，还可以挂在收纳盒的边缘，真是方便。

使用有隔断的盒子，孩子们也可以收纳自己的衣服

聚丙烯盒·抽屉式·浅型·6个（附隔板）

洗的衣服晾干之后，大儿子会把自己的衣服叠好。叠衣服的方法用孩子们会的简单叠法就行。"聚丙烯盒·抽屉式·浅型·6个"里有隔板，我们规定"一个格子里放一件东西"，这样的话即使孩子们自己放，也不会放乱。在我还是个孩子的时候，经常和母亲一起叠衣服，每次母亲都叠得很整齐，我却叠得乱七八糟。虽然那时我还是个孩子，但母亲叠的衣服让我懂得不论是叠衣服，还是收纳衣服，整整齐齐会让人心情愉快。现在，我也希望我的孩子们能够懂得这个道理，从小养成爱整齐、有条理的好习惯。

将"聚丙烯收纳盒"叠放，收纳丈夫的衣服，利索清爽

聚丙烯收纳盒·抽屉式·大和小、铝制衣架·领带/领巾用

这是为丈夫安排的衣物收纳空间。

挂衣服的架子是新婚时就开始使用的不锈钢衣架，上面挂着夹克、衬衫、裤子。

衬衫用"铝制洗涤用衣架"挂，这种衣架轻便好用。

叠着的衣服和过季的衣服分类放在"聚丙烯收纳盒"里，然后将盒子叠放，增加了收纳容量。

在架子下层的横杆上，用"铝制衣架·领带领巾用"挂丈夫的公文包。从此公文包不再随便摆放了。

轻、薄、简单……集中这三个优点、超喜欢的商品

铝制洗涤用衣架

我家的衣架基本上统一为"铝制洗涤用衣架"。铝制亚光的质感，轻巧方便，挂取衣服非常顺手，而且这种衣架很薄，节约空间，暂时不用的衣架收起来也不占地方。统一使用相同的衣架，就能够令柜子里看起来比较整齐。

如果衣服容易从衣架上滑落，在衣架的肩部位置缠些胶带即可。因为设计简单，所以更便于做些小小的加工。

无印良品的经典收纳用品
可以在家里随处应用，从未失败过

炉灶下的抽屉又大又深，分隔就能充分利用："聚丙烯文件盒"放单柄锅，"聚丙烯化妆盒"叠放了"可取下把手锅"，"亚克力隔板架"放锅盖，"可叠放亚克力隔板架"放油瓶和锅把手。这些商品在我家各处大显神通，从来没有"大小不合适""不好用"的败绩。

聚丙烯文件盒·标准型号·宽·A4用·白灰色、聚丙烯化妆盒、亚克力隔板架·3隔断、可叠放亚克力隔板架

厨房用品和文具用品组合使用，
轻松取放需要的餐具

在橱柜的抽屉里收纳餐具，我使用的是"聚丙烯整理盒"和"聚丙烯桌内整理托盘"。不愧是无印良品，文具用品放进厨房也特别好用。能适用于任何场所，是无印良品的强项。

厨具我也一直使用无印良品的。比如"硅胶料理勺"，用它做菜不会在我喜欢的锅上留下划痕，而且它还可以当作抹刀或者汤勺，是厨具里的万能选手。

聚丙烯整理盒2、聚丙烯桌内整理托盘3、硅胶料理勺

"文件盒"横放在只有19cm深的架子上

聚丙烯文件收纳盒·标准型号·宽·A4用·白灰色

深度只有19cm的架子,该怎么使用呢?这个问题一直困扰着我。

一开始我是用帘子挡上的,但是这让洗脸台旁边本来就狭窄的空间更有压迫感……有没有不用遮挡,看上去就整齐的方法呢?我后来又试过很多方法,最终形成了现在的摆放方式。

"聚丙烯文件收纳盒"横着放进架子的最上面一层,里面放洗衣液以及其他清洁用具,和白色的墙很搭配,非常成功。

无印良品的有机棉毛巾是从结婚开始就反复购买的产品,非常喜欢。

"PET补充瓶"尺寸不一、颜色不一,便于区别

PET补充瓶·泡沫型·透明·400ml用、白色·400ml用、白色·600ml用

洗发液、护发素、浴液,都换装在瓶子中,看上去整齐划一。但是,用一样的瓶子容易拿错,而且丈夫和孩子洗澡时会摘掉眼镜,更容易弄混。怎么才能让他们轻松区别各种洗液呢?我的办法是使用"PET补充瓶",用不同的大小,以及白色或透明来做区分。

用得比较快的洗头液用"白色600ml用",护发素用"白色400ml用",浴液用"透明400ml用"。这样既做到了"看上去简约",又达到了"非常容易区分"的目的。

灵活使用"尼龙网眼文件夹"收纳旅行时的服装

外出时不必特意买旅行用收纳袋，家里有现成的。我用"尼龙网眼文件夹"，非常方便。也可以用来装垃圾袋或保存袋等。文件夹有网眼，方便放气。文件夹很硬实，不论平放、竖放，都很齐整。

如果是短期家庭旅行，每个孩子的衣物分别装一个夹子，再放进旅行箱。既不会拿乱衣服，又整洁利索。

尼龙网眼文件夹·A4·黑

"亚克力箱用丝绒内箱隔板"收纳首饰

首饰类的收纳就委托给"亚克力箱用丝绒内箱隔板"。柔软的丝绒材质，可以保护心爱的首饰。我不用亚克力箱，而是只把"亚克力箱用丝绒内箱隔板"放在柜子里的抽屉中。亚克力箱和丝绒隔板可以分别购买。能照顾每个人不同的使用方法，是无印良品的魅力所在。每当我策划和设计无印良品使用方法时，那种灵感乍现，总让我体会到创意的快乐。

亚克力箱用丝绒内箱隔板·格子·灰色、竖·灰色、项链用·耳环用·灰色

| file 003 | 秀一下我们的无印良品生活 |

整洁收纳、时尚装饰的必备品，
不论是外观还是使用，都让人满意到极点

yuri女士
Instagrammer

我家的生活风格是"去繁就简，实用简约"，无印良品的商品很好地支持了我们的风格。
不论什么样的室内装饰，无印良品的简约都能与之融合，实用性也无与伦比。所以，长期使用也不会感到厌倦。"可以一直一直用下去"，这是无印良品的又一魅力。
简约的收纳方式和清爽的室内装饰，仅仅是看着都会觉得幸福。

家庭构成	丈夫、长女（2岁）的三口之家
住所	埼玉县 独栋（3LDK）
Instagram	https://www.veryins.com/yu.ha0314

组合架+收纳盒，
将起居室收拾得清清爽爽

我家收纳用品很少。在重要的收纳空间里，"组合架"功不可没，上面放的也是无印良品的商品。我选择"可重叠长方形藤编篮"的"特大号"，配"可重叠长方形藤编篮用盖子"，收纳最易乱放的玩具。"地板拖把"就在架子旁边，方便随时取用。"地毯除尘器"也在这边，边看电视边清洁地毯是每晚必做的事。

组合架·3层×2列·桦木、可重叠长方形藤编篮·特大号、可重叠长方形藤编篮·中、可重叠长方形藤编篮盖子、扫除用品系列·地板拖把、扫除用品系列·地毯除尘器

既可以是"物品收纳"的空间，也可以放一些小摆件，有着各种各样的使用方法

"壁挂式家具"系列的优点是不用打很大的孔也能安装上，还在旧家时就一直使用。把"箱子"放在厨房，因为有纵深，马克杯等都可以轻松放置。这是我家简约风格的重点。

以前遥控器总被乱放，如果收起来又不方便取用。现在很多年的烦恼终于解决了——在沙发旁边的角落放"横板"收纳遥控器。卧室里，组合架成为女儿的绘本架。以此类推，还有很多使用方法。

壁挂式家具·箱子·宽88cm·橡木、壁挂式家具·横板·宽44cm·橡木

衣柜收纳一目了然，对自己的衣服了如指掌

利用搬家的契机，针对衣柜的收纳我做了重新考虑。

上衣用"铝洗涤用衣架·肩带型"挂起，下身的衣服叠起来放在"衬衫挂箱"（已下架商品）中。只有过季的衣服放在"聚丙烯移动箱·附锁扣"里。以前，家里的衣服都放在普通箱子里，找衣服、拿衣服都不方便。

现在改变了收纳方法，自己有什么衣服，一目了然，减少了没必要的购买。也不再为早上选择什么衣服而烦恼，非常方便。

铝洗涤用衣架·肩带型·3个组、聚丙烯移动（carry）盒·附锁扣·深型

齐腰高的橱柜令厨房空间显得更开阔，用这样的橱柜收纳物品，拿取东西更方便

"橡木大号橱柜"的高度基本齐腰，空出橱柜上方空间，厨房会显得更大。"木质门"柜里放备用碗筷和储存物品等，"玻璃门"柜里放常用的碗筷等。以前，盘子摞着放不好拿，用"丙烯酸·分隔架"分两层摆放，就便利多了。小盘子和杯子放在"聚丙烯整理盒"里，每个盒子都能拉出来，这样，放在深处的东西也能很方便地拿出来。

橡木大号橱柜·木制门、橡木大号橱柜·玻璃门、丙烯酸·分隔架、聚丙烯整理盒4

简约干净，可以竖着摆放毛巾

"不锈钢·钢丝篮"设计简单，轻便易拿，尺寸多、易组合。我用它竖着放浴巾，看着清爽，收取方便，非常喜欢。

浴室里也用"不锈钢·钢丝篮"放洗发水等物品。在浴室统一用不锈钢制品，不存水、不生锈，不仅看着清爽，打扫也轻松。

18—8不锈钢·钢丝篮

玄关是家的脸面，
要便于清扫，让玄关能够微笑地迎接客人

玄关没有收纳空间，只好利用鞋柜的一角。"聚丙烯文件盒"装清扫用品，"聚丙烯小物品收纳盒·3层"装手绢、面巾纸等外带物品，"软盒"装琐碎小物，"软盒"里杂七杂八的东西可以随手放，既省事又不会显得杂乱。

鞋柜上放了香座，点上喜欢的香，用清新的香气迎接客人。

聚丙烯文件盒·标准型·A4用·白灰色、聚丙烯小物品收纳盒3层·A4竖型、聚酯纤维棉麻混纺软盒·长方形·小号

用香薰疗愈身心，让生活空间更舒适

超声波香薰加湿器

"超声波香薰机"每天晚上都要用，温柔的橘色灯光和镇静舒缓的香味能让人解除一天的疲劳，放松地度过每个夜晚。干燥寒冷的季节还可以作为加湿器来使用。这种香薰机没有多余的凹凸面和零件，清洁方便。可以一直保持洁净也是这款商品的卖点之一。

无印良品"香精油"（现在规格变更）的种类很多，这也是它的魅力所在。我会根据时间、心情、生活场景选择不同的香精油，并且享受这种愉悦。

在欢快的气氛中，一边听音乐一边做家务

播放器的形状很讨人喜欢。简约四方形的"壁挂式CD播放器"+圆形的CD，这种组合看上去非常漂亮。没有任何多余的设计，这也是室内装饰的亮点。由于是壁挂式，女儿够不到，她无法恶作剧搞破坏。

以前很喜欢听音乐，但女儿出生后，就没有时间了。自从买了这个"壁挂式CD播放器"，可以边做家务边无拘无束地听音乐，或者放女儿喜欢的歌，和她一起唱，给每天的生活增加了更多温情，这是属于我的小幸福。

壁挂式CD播放器

清淡纯粹的味道，这是我们母女都喜欢的点心

原汁原味的点心看起来很可爱，色彩也丰富，是我们母女的最爱。不知为什么，这些点心有一种让人感到亲切的怀旧味道。

我不太会做点心，没办法给女儿做安全的手工点心。如果购买的话，当然要选择对孩子没有伤害的食品。最终我选择了无印良品的点心。"日产小麦粉点心·甜菜糖小熊饼干"是女儿的最爱。

我总是把"亲切古典风点心·添加果汁·混合糖果"放进喜欢的玻璃瓶，摆在餐桌上。鲜艳的色彩，让人看着就开心。

有效利用灶台的空间，简单的便签纸可以防止忘买东西

灶台上方装一根长杆，用"不锈钢挂式钢丝夹"夹刚洗完的抹布或菜谱书等，既实用又能节省灶台空间。冰箱的备忘录，是"磁石式夹子"夹"短册便签·检查表"。以前，我是随时用便签记下要采购的东西，再贴到冰箱上，但如果多了会显得凌乱。现在的备忘录可以逐行记录，更好用，也更美观。

不锈钢挂式钢丝夹·4个装、磁石式夹子、短册便签·检查表

既有拉手，又可组合，非常方便——收纳小物的万能选手

"聚丙烯宽收纳盒"可以分门别类地放女儿的零食、药品、工具、发夹等，取出隔断，就能放稍大的物品，还可组合叠放。收纳物可以一览无余，建议放琐碎物品。

"聚丙烯卡片盒"可以将药品分类装，还能装头绳、发夹等小零碎。把这些小物集中收纳，存放和取用变得非常高效。

聚丙烯宽收纳盒·白灰色、聚丙烯卡片盒

让不擅长记账的我干劲十足

我是个只有三分钟热情的人，想通过记账控制开支，却总是无法坚持。改用"再生纸笔记本·记账册"后，我居然可以一直坚持记录日常开支了。

和一般记账本不同，"再生纸笔记本·记账册"没有细分那么多复杂的项目，简单一写就OK了，很适合我的性格。

把电费、生活费、外出费用等分别放在"EVA收纳包·带拉链"里。半透明的包，既能看到内容物，又不会太透明而显得凌乱，甚合我意。

再生纸笔记本·记账册、EVA收纳包·带拉链·A5和B6

file 004　秀一下我们的无印良品生活

过自在的简约生活，
无印良品正是这个理想的缔造者

yuka.home女士
Instagrammer

无印良品是简约而实用的，
对于"崇尚极简，追求轻松舒适生活"的我来说，无印良品不可或缺。
灵活使用的清扫工具、颜色纯净的收纳用品、设计简单的衣服和家具。
家里有许多让自己喜欢的无印良品产品，只要回到家，我就觉得无比幸福。

家庭构成	丈夫、长女（3岁）、次女（1岁）的四口之家
住所	福冈县　独栋（5LDK）
Instagram	https://www.veryins.com/yuka.home

选择和客厅内装风格搭配的"纸巾盒"，
紧凑收纳CD和DVD

我家的抽纸固定放在沙发的宽扶手处。"藤编纸巾盒"和客厅的自然风格非常搭配。

原来用盒子收纳CD和DVD，很占空间，客厅里摆不下；放到别处找起来很不方便。现在用了"聚丙烯CD·DVD架"，把它们紧凑有序地放在了电视柜的抽屉里。

沙发本体·宽扶手、藤编纸巾盒、聚丙烯CD·DVD架·2层

**物品分类放入文件盒，
拿出放回都非常方便**

我喜欢看书，经常购买家居、时尚、育儿类图书，家里的书很多。搬家时，我处理掉了很多书，留下来的书就放在这个架子上。

架子上用了很多"聚丙烯文件盒"，一类图书放进一个盒子，并在盒子上贴标签。杂志直接竖放在架子上容易倒，这样放进盒子，很利索。

因为是分类收纳，想看的书很快就能找到，而且盒子"放东西的量"是固定的，可以防止过度增加。

绘本装进"纸板文件盒"，放在架子的最下层。这样安排，2岁的女儿就可以自己拿取。

聚丙烯文件盒·A4用·白灰色、一按可成型纸板文件盒·5枚组·A4用

**在固定的位置将垃圾桶分类放置，
会让清理工作更轻松高效；
把锅具竖起来用文件箱收纳**

我家一直用无印良品的垃圾箱。装修新家时，我把尺寸，包括盖子打开时的尺寸都告诉了设计师，留出这个垃圾箱空间，放4个"聚丙烯可选盖子的垃圾箱·大"。简约的设计，使得生活没有杂乱感，是我喜欢无印良品的原因。

炉灶下面的抽屉用"聚丙烯文件盒"分隔开，锅竖着放在里面，一只手就可以轻松取用。

聚丙烯可选盖子的垃圾箱·大（30l袋用）、聚丙烯可选盖子的垃圾箱用盖·竖开用、聚丙烯文件盒·标准型号·宽型·A4用·白灰色

"吊挂式收纳"清扫更方便，
还能避免我们担心的湿滑、潮湿等问题

在浴室的地上放东西，和地面接触的地方容易变得湿滑，所以我果断撤掉了现有的托盘等物品，换上"不锈钢浴室架"和"不锈钢不易横向偏移挂钩"，彻底实现了"吊挂式收纳"。架子是不锈钢材质，不怕水，由于有空隙，也不存水。不用担心湿滑和发霉，正是我喜爱这个架子的原因，它让麻烦的浴室清扫变得轻松。

香波都装入白色的"PET替换瓶"，"锦纶浴巾""泡沫球"也统一为白色的无印良品。

不锈钢浴室架·吊挂型、不锈钢不易横向偏移挂钩·大号2个、PET替换瓶·白色·600ml用、锦纶浴巾、泡沫球·大

如何让洗衣服也变得简单、愉快
——选择好的洗衣用品

不锈钢材制、不发霉、通气性好，不易存灰，设计简约……"不锈钢洗衣筐"的这些优点让我选择了它。放在水池边存放脏衣服，洗衣服时不用清洗洗衣筐。我选择东西的标准是"能让我轻松使用"。

"洗衣网"买了大、中、小三种型号，不但好用而且很结实。"聚丙烯晒衣夹"放在"聚丙烯化妆盒"里。

不锈钢洗衣筐·大、洗衣网·大、中、小·聚丙烯晒衣夹（晾晒用·4只装）、聚丙烯化妆盒·1/2横型

洗面台下面用文件盒收纳零碎日用品，干净利索

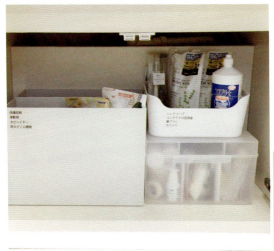

洗面台下要存放洗面用品及洗澡、洗衣用品。用"聚丙烯文件盒"装的好处是：空间有限，东西不会无限增加；文件盒高24cm，放包装花哨的东西不会露出来，看上去整洁利索。

聚丙烯急救箱（已下架）放这里，收纳棉签、创可贴、药品等小物件。

聚丙烯文件盒·标准型号A4用·白灰色、聚丙烯急救箱

刷牙用品统一为白色，不杂乱
放在托盘里可以一起拿起来，便于清洁

洗面台镜子后没有收纳区，放屉里恐怕不太卫生。我将"白瓷牙刷架""白瓷杯"放在"白瓷托盘"上，做成刷牙用品组合。漱口水上的标签揭掉，统一成白色。

早起看到这些清爽的洗漱用品，一整天都会心情愉快。

白瓷材质和我装修时选择的马赛克瓷砖非常搭配，每次使用洗面台的时候，心情都很舒畅。

白瓷牙刷架·1支用、白瓷杯、白瓷托盘

文具用盒子、包分门别类收纳，用的时候，马上就能找出来

杂物间的架子上放了2个"聚丙烯小物品收纳盒·6层"，分门别类地收纳笔、胶水、胶带、剪子等。彩笔从原来的盒子里拿出来放进抽屉，孩子画画的时候，可以连抽屉一起拿过去。

电脑旁的"聚丙烯收纳盒·抽屉式·薄型"，收纳涂改条、胶条、便签等。

聚丙烯小物品收纳盒·6层·A4竖型、聚丙烯收纳盒·抽屉式·薄型·2层

日用品也选择了无印良品
颜色简洁明快，是能够循环使用的好商品

日用品也选择了各种各样的无印良品，尤其喜欢扫除用品。

在杂货店卖的扫除用品通常色彩丰富，会使家里的颜色太多太杂。"微纤维迷你轻便拖把"和"瓷砖用刷"的颜色非常干净清爽。

"湿纸巾·瓶装""锦纶浴巾""聚氨酯泡沫·三层海绵"等也是必需品。虽然价格可能比杂货店的稍微贵些，但因为其独有的简约设计和柔软度，我觉得是物有所值的。

微纤维迷你轻便拖把·替换用拖把、瓷砖用刷、湿纸巾·瓶装、锦纶浴巾、聚氨酯泡沫·3层海绵

由于颜色简单,即便贴在起居室或饭厅的白墙上,也不会觉得碍眼

水贴浴室画·地图、水贴浴室画·平假名表

"水贴浴室画"颜色清爽让人平静,我一眼就看中了。本来想贴在房间里,后来把它们贴在餐厅和起居室里了,和室内装潢非常搭配。

"地图"上标出了日本各县特产、名胜,让孩子愉快地学知识。"平假名表"上每个字都配有插图,我会指着字问大女儿:"这是什么呢?"可以测试孩子的认字水平,真是太好了!

在玄关最明显的地方放上喜欢的饰品,每天都有幸福的感觉

壁挂式家具·架子·宽44cm·橡木、指针式时钟·小·白色

最近,终于买到了心仪的"壁挂式家具"。"想摆放喜欢的装饰品"或"想有效利用墙面空间"的时候,会发现它们非常好用。

我在上面放了一个"指针式时钟·小"。它的样式、颜色设计得都很好,在旁边摆放什么都会很搭。

在玄关进门处摆放喜欢的东西或是应季的饰品,感觉真好。出门的时候看到它们,会心情愉悦;回家的时候,一开门看到它们,能感觉到家的温馨。只是做了这一点点改变,每天的生活就增添了很多乐趣。

file 005　秀一下我们的无印良品生活

低调的设计，看似风轻云淡，却能完美地融入你的生活

miu女士
瑜伽教练

懒散的我不善于做家务，又热衷于购物，导致家里堆满了衣服。
后来，我想拥有一个"瑜伽空间"，这使我开启了简约生活的大门。
我的目标并不要是成为一个克己的极简主义者，而是想要做到"知道自己喜欢什么，选择那些可以长久使用的东西"。这才是最重要的。
无印良品的简约设计可以很好地融入室内装饰，让人更好地亲近生活。

家庭构成	和丈夫的二人世界
住所	京都府　独栋（2LDK）
Instagram	https://www.veryins.com/miuysl

兼具办公、休闲功能的餐桌组合

橡木桌・宽140cm

断舍离了沙发和矮桌子，只留下了我喜欢的、能感觉到木材温暖的餐桌。这里既是用餐空间，也是重要的工作、休闲场所——看书、写博客、喝喝茶……

这里采光、通风俱佳，很舒服。以前的休息日，常和丈夫一起去咖啡店喝茶；现在，则会在散步或骑行后买些点心、蛋糕回家，在这里享受下午茶时光。

我们非常成功地把家变成了咖啡厅，也节省了喝咖啡的钱。

一边读喜欢的书，一边把腿伸直，给疲乏的双脚做一个暖暖的日光浴

聚氨酯泡沫低反弹坐垫·圆形

慢慢悠悠地起床，上午是固定的瑜伽时间。中午，在客厅里一边读书，一边做个足底日光浴。我特别喜欢晒脚底，把平常晒不到阳光的地方晒一晒，让脚感受小小的温暖，可以觉察到细胞都是愉悦的。在椅子上放着"聚氨酯泡沫低反弹坐垫"，享受它轻柔地支撑体重的感觉。不用的时候，就收在椅子下面。

日光浴后，在家附近懒散地散散步。不去哪里，也不见谁，不做特别的安排，只是随心所欲地做喜欢的事情，这才是最好的休息日。能自在地虚度时光，也很幸福。

用无压迫感的组合架和筐收纳碗筷和调味品

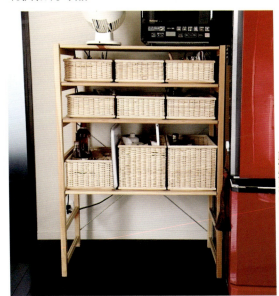

"组合架"装着碗筷、食材、调味品等。这架子没有固定用途，可以根据需要用于任何场合。"藤编筐"代替了抽屉，杯子、盘子等器具分别放在三个筐里。其他筐里放干货、小食品、储备调味品、清扫用品等。必备的厨房用品都收在这里了。现在的问题是——不能再增加碗筷了。

组合架·中号·86cm宽幅、可重叠长方形藤编筐·小、中、大

一个格子里只放一个东西，用减法陈列方式，整体看上去简单清爽。

以前的家里靠墙横放的"组合柜"，刚搬到这里时不知道该怎么用它了。现在竖着放，感觉非常好。放上"硬质纸盒·抽屉式"后，把东西隐蔽起来，成为理想的装饰架。横放、竖放自由变换，高度恰到好处，真不愧是无印良品的设计！

架子上放一些贴近生活的装饰，如小花之类，每个格子里只放一件东西，同时确定好放东西的位置，清扫起来也非常方便。架子上摆着祖父的布制装饰品、相框、母亲的佛龛，都是我家的宝贝，还有其他喜欢的东西。它们组成了家里的一道风景。

组合柜·5层X3列·橡木、硬质纸盒·抽屉式·4个、硬质纸盒·抽屉式

即便是开放式架子，控制好所放的东西，也不会感觉凌乱

使用频率高的剪子、裁纸刀等，如果从抽屉里拿，即使只是一个动作，还是不如直接放在"组合柜"的架子上方便。

无印良品的办公用品都是半透明材质，简约清爽，设计感强，每件都是装饰品。就算随便地放在外面也没有唐突感。笔筒里的指甲刀也是无印良品。

想使用的时候马上就能使用，不使用的时候与室内装饰和谐融洽，这就是无印良品商品的魅力所在。

不锈钢剪刀、左手也可使用壁纸刀、钢制指甲刀·小

容易杂乱无章的厨房——
糖罐和盐罐

钠玻璃密封瓶约750ml

厨房里,想要扫除时更轻松、看上去更整洁,最好别把东西摆在明处。但下厨时常用的东西必须方便取用,所以我尝试把包装杂乱的各类东西都统一装瓶,放在外面。

尝试了多次后,发现只需要把糖和盐放在灶台的旁边,方便我随手取用即可。于是,我选择用设计清爽的"钠玻璃密封瓶"装这两种调料。

得知白砂糖会让人体寒后,我就改用温和的甜菜糖了。

在每个月的第一天写上愿望,
到月底时再回顾

选择型六角替芯油性笔・0.38mm・黑色、再生纸笔记本・素色・A6

虽然新月愿望有固定的写法,但我是以"如果能这样就好了"为中心,自由发挥。我会翻阅上个月的愿望,如果实现了,就写些感谢的话。

把愿望用纸写下来,应该是愿望达成的必要基础,借此对内心所想再认识、再整理,然后断舍离。我个人觉得这样做是有效果的。记录时,我喜欢用无印良品的本子和笔,笔只需要换笔芯就可以继续使用,这也很让我中意。

纯白和深蓝，让人舒服的颜色搭配！
浴凳和浴盆的白色，既干净又高档

丈夫选的是白色浴室凳子和浴盆，让容易杂乱的浴室显得简洁、清新、有品位。清洁浴室，我家是谁最后使用谁打扫。清理浴缸、白色浴室凳子和浴盆后，把凳子和盆挂在浴缸边上。这样做，可以尽快晾干，避免凳子、盆底发霉变黑，也方便清理地面。要保持这清爽的蓝白色，必须随时排水、清扫。

聚丙烯浴室座椅、聚丙烯盆

被细腻柔软的泡沫所包围，
令人陶醉的洗脸时间

我洗脸不用卸妆油和洗面奶，只用香皂。化妆品也选择"用温水和香皂就能洗干净"的类型。

平时不用两次洁面，洗浴时的洁面就是重要的保养时间。为了能让泡沫丰富，我选择了"起泡浴球"，它的网超细，很容易打出丰富的泡沫。柔软的泡沫包围着肌肤，这是很幸福的时刻。

"聚氨酯泡沫肥皂碟"也是无印良品的产品，可以让肥皂干净清爽地用到最后。

起泡浴球·小、聚氨酯泡沫肥皂碟·替换海绵

闭上眼睛就是桧木浴……沉醉在温泉旅行的感觉里

药用入浴剂·牛奶香（分包）、濑户内海的浴盐·水果香（分包）、濑户内海的浴盐·桧木香（分包）

泡浴剂，我之前一直用德国克奈圃的，最近开始尝试无印良品的，感觉非常棒。尤其喜欢"桧木香"，那种让人神清气爽的香气充满浴室时，我仿佛置身于温泉旅馆，重温那令人怀念的、快乐的回忆。温泉旅馆不能常去，有了这个，可以根据每天的心情变换香型，价格也不贵，很是享受。

冬天我很怕冷，特别期待每晚的泡浴时间。泡在温暖的水中发发呆，是最好的休息，此时再加上治愈系香气的围绕，真是让人沉醉的幸福。

不论是实用性还是外观，这个浴垫满足了我对浴垫的所有要求

印度棉雪尼尔浴室用脚垫·M·白

泡完澡后，迎接我的是自然风格的"印度棉雪尼尔浴室用脚垫"。比浴室的门稍小一圈的尺寸恰到好处。材质薄、吸水性强、容易晾干，用了它之后再也不想用别的浴垫了。这是我家的必备品。

据说，每一张浴垫都是纯手工织就的——凹凸的表面，以及从浴室出来赤足踩上去柔软的感觉，让人非常舒服。

浴垫的材料虽薄，但很结实耐用，反复清洗后，也不会变形，性价比很高。

喜欢的衣服要精心打理，才能穿得舒舒服服，选用小号衣橱收纳

这是夫妇共用的衣橱。右边是我的，左边是丈夫的。我四季的衣服全放在这里。无印良品的抽屉可随意增减，这一点非常好。搬家时尤其方便。

抽屉有装T恤、居家服、袜子、内衣类的，有装瑜伽服、外出用品、裤子、毛衣类的，还有装帽子、披肩、婚丧礼专用包的……物品叠好竖放，一目了然。

聚丙烯收纳盒·抽屉式·横型·小、聚丙烯收纳盒·抽屉式·横型·大

不用马上洗的衣服，可以灵活运用墙壁，临时挂起来

秋冬的毛衣、裤子、外套等，有时只穿了一次，不用洗，还可以再穿。这样的衣物直接放回衣柜里，我会有抵触感。这个时候，可以灵活使用这种挂钩和衣架。衣服像展品一样挂起来，不会弄出褶子，静静地等待下一次的出场。挂钩安装简便，挂在想挂的地方就可以了。

以前我的衣服很多。现在，我只选择能令我长久喜爱、珍惜的衣服，尽量减少衣服的件数。

可壁挂家具·钩子·橡木材、松木薄型衣架·3只装

当精油遇上素烧石，
空气中就飘浮着温和的香气

素烧石·10粒装

在素烧坯的石头上滴上几滴精油，轻柔的香气就会淡淡地飘荡在空气中。这是一种可让人轻松享受香精油的小商品，一盒10粒，玄关、卧室等都可以放上几粒。不经意间，那种喜欢的香气轻轻袭来，虽然只是淡淡的，也是一种幸福。椭圆的形状小巧可爱，每次看到它们，心情就变得温暖起来。

素烧石的优点是：不用电、不用火，可以安心安全地使用。如果表面有点脏了，用布擦一下就好，不用特意打理。

延长鞋子的使用寿命——
防止鞋子变形的鞋楦

鞋楦（2017年春变更式样）

不管多贵的东西，用过之后就会有皱褶、显旧，不再鲜亮。尤其男人的皮鞋，一定要有型。丈夫一直用无印良品的鞋楦。鞋楦可以防止皮鞋变形，因为是红雪松材质，它还有杀菌、防虫、除汗、消臭的效果（红雪松自古就被用作衣物防虫剂）。木质的温暖，会让人在不经意间就感觉到生活的美好。

无印良品的衣架也是用红雪松做的。在材料选择上，无印良品真的非常讲究。

Column 1

百名无印良品粉调查：
从现在开始，最想要的无印良品商品是什么？

杂志《Como》以100名喜欢使用无印良品的读者为对象进行了调查，以下为调查结果。

舒适沙发

因为坐上去太舒服了，所以被称作"让人生无可恋的沙发"。根据室内装饰可以变换沙发罩。
● 舒适沙发本体/12600日元；沙发罩·灰色/3150日元。

空气循环风扇

无印良品的家电，追求功能完美。这款空气循环风扇人气超高。精心设计的低噪声模式，无论夏冬，都能安静、高效地让屋内温度均一。
● 空气循环风扇（低噪声风扇·大风量型）·白色/5900日元。

绿色植物

就算是家很小也适合种植的小盆植物
● 左起：壁挂式观叶植物·16cm×16cm·D/3900日元；多肉植物·濑户烧花盆2号/1000日元；多肉植物·濑户烧花盆2.5号/1200日元。（部分店铺有售）

餐厅椅

发挥木材本来的质感以及良好的耐久性，橡木制作，越用越有味道。
●（左）橡木椅·棉平织·本色/13000日元；（右）橡木扶手椅·圆腿/38000日元。

蓝牙播放器

风靡一时的壁挂式CD机已进化为播放器，用智能手机蓝牙连接播放器进行操作，不占地方，清爽利索、广受好评。带有FM功能。
● 壁挂式蓝牙播放器/9800日元。

空气净化器

圆柱形设计，360度吸尘除臭。双层计数风机，让房间内空气对流，有效去除浮游物质。白色+优美流畅的设计，容易搭配房间装饰。
● 空气净化器/39000日元。

沙发

宽大的幅面设计，坐上去很宽敞，躺下休息也很舒服、放松。有多种多样的使用方法。沙发罩另售。
● 沙发（不含沙发罩）长180cm×深90cm×高60.5cm/65000日元；沙发罩/14000日元。

Column 2

百名无印良品粉推荐：
爆款！6种反复购买的食品

杂志《Como》以100名喜欢使用无印良品的读者为对象进行了调查，以下为调查结果。

1

点心类人气第一

冷冻的草莓白巧克力，酸酸甜甜，口感极佳。"孩子们也很喜欢吃，所以总是会买。"（H·T女士 孩子14岁、11岁、6岁）。点心部门年度销售额第一。
● 散装草莓白巧克力50g/290日元。

2

经典点心 吃不腻的味道

用香蕉泥制作的蛋糕卷。"在店里一看到就特别想吃。冷藏后味道也很好。"（ofumi女士 孩子4岁、1岁）。可以随时拿出来招待客人的经典食品。
● 香蕉味蛋糕卷/180日元。

3

开心地和孩子一起DIY

乍一看觉得很难做，其实只需要把面揉好后拉伸，在平底锅里烙一下就可以了。"孩子们超喜欢，第一次做也能成功。"（mario女士 孩子16岁、14岁、9岁）。年龄较小的孩子也可以揉面。
建议：做好后搭配咖喱吃。
● 平底锅制作的发面饼（naan 馕）200g（4块）/200日元。

④

即使没有时间,也能做出纯正的味道

"觉得做饭真麻烦时,我就做这个。"(N·S女士 孩子5岁、3岁)。海胆味浓郁,如果撒上海苔,爸爸都会称赞"太好吃了"。
● 只需搅拌的意大利面酱·海胆奶油味35.1g×2(2人份)/280日元。

⑤

招牌商品,拥有越来越多的回头客

有印度黄油的温和味道。"制作简单、美味,独自吃饭时的最爱。"(佐藤春奈女士 孩子2岁)。7000个品种中,它的年销售额第一!
● 黄油鸡肉咖喱180g(1人份)/380日元。

⑥

总会有觉得嘴里没味的时候,无印良品为你准备了这份零食

每个女士都会有"想吃点酸东西"的时候。这时,无印良品的梅干、熬制梅系列食品一定能满足你的愿望。"不只是我,我家孩子也迷上了这种食品。"(mi-女士 孩子6岁、3岁)

无核软梅干	无核梅干	蜂蜜熬制梅	酸味熬制梅
24g/150日元	18g/150日元	33g/120日元	33g/120日元

| file 006 | 秀一下我们的无印良品生活 |

外观简洁，方便每位家庭成员使用，让收纳充满爱

sati女士
整理收纳顾问/博主

我非常喜欢收纳！但是，很多时候我既不想扫除，又不想做饭。"让家庭成员也做家务，让孩子们都自己收拾自己的物品"，这是我这种很喜欢偷懒的母亲的想法（笑）。所以，有必要让家里人养成用完东西后放回原处的习惯。储藏室和起居室主要使用无印良品的文件盒收纳，这种收纳方法满足了我偷懒的愿望，是我喜欢的空间。

家庭构成	丈夫、长女（10岁）、长子（8岁）、次子（4岁）的五口之家
住所	鹿儿岛县　独栋
Instagram	https://www.veryins.com/iebiyori

尽管物品多种多样，但是干净利索！
家庭成员都容易使用的储藏室

储藏室是比较从容的收纳空间，可收纳日用品、季节性家电等各种物品，也是家庭成员共用的地方，但如果没有好的管理，瞬间就会变得乱七八糟。

我家的储藏室里灵活使用了无印良品的钢制架子、箱子、抽屉、盒子等。根据使用频率和活动路线等因素，确定了物品的收纳位置。储藏室看起来干净整齐，用起来简单方便，真是得意之作。我简直想一边喝着咖啡，一边欣赏这个收纳空间。

钢制组合架・钢制隔板・宽型・大号・灰色

安排在储藏室一角的
文具专柜

聚丙烯小物品收纳盒 6层·A4竖型

全家共用的文具收纳在储藏室里。零碎物品分类放在"聚丙烯小物品收纳盒"里,非常合适!笔、夹子、便签、备用铅笔等,在盒子里一目了然,用的时候好找、好拿。为了让大家知道里面的东西,盒子上必须标记名称!如果不做标记,就会总是有人问:"那个在哪里?"真是费劲!我家的收纳做到了彻底分类和标签化。这样,孩子们就会养成用完以后就归还到原处的习惯,拿取东西时也会心中有数。

抽屉里面也干净整洁,
简约的文具整齐划一

不锈钢剪刀、左手也可使用裁纸刀、ABS管尺、AB玻璃尺、电子计算器 10位·白色、不锈钢两孔打孔机

这些不同形状、不同尺寸的文具,即使随手放在同一抽屉里也不会凌乱。这有赖于无印良品的设计。无印良品文具也相当好用。有时候家人会同时用到剪刀,所以买了两把。在百元店买的剪刀原本和无印良品的剪刀一起放在抽屉里,但大家都爱用无印良品的,因为剪起来很顺畅。

为了更好地利用收纳空间,我总是拿着卷尺到处测量,真是一个"收纳狂"。

我家的文件类整理的最终版，
用文件盒分类收纳

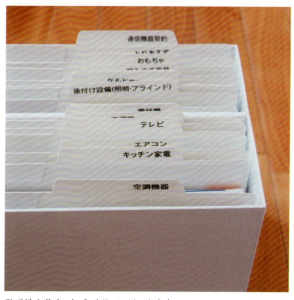

家里的家电说明书、学校或幼儿园的信件、工作文件等纸张、册子尤其多。使用无印良品的文件盒子，把有标签的文件夹放在里面，像左图展示的空调、厨房家电说明书那样，各种资料都分类收纳。什么东西在哪里都清楚，找也方便，放回也方便。我家的文件整理都是这种方法。

说明书的文件盒子我会放在储藏室，而不是起居室里。一年可能都不看一回的东西不占用生活空间，这是我的收纳心得。

聚丙烯文件盒·标准型号·A4用·白灰色

起居室的开放架子里用不同素材的盒子混搭，
在机能性和舒适性中找到了平衡

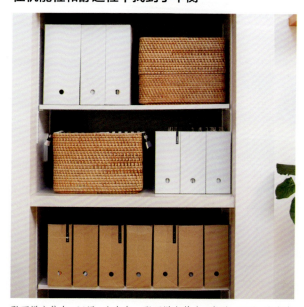

工作用资料、孩子的学习用品、绘本、杂志等都放在起居室的架子上。不管是孩子学习还是我用电脑工作，这处都是很方便的收纳区。随着孩子成长、我工作的变化，收纳也升级改造。

现在最上面的文件盒子里放杂志，第二层的盒子里放与工作有关的文件。这里是大家休息放松的空间，不能给人无条理的印象，所以使用白色的文件盒和有温暖质感的藤编盒子混搭。

聚丙烯文件盒·A4用·白灰色、聚丙烯文件盒·宽型·A4用·白灰色、聚丙烯文件盒·标准型·A4用·白灰色

用天然编织筐隐藏各种电线

起居室开放柜上的藤编筐,是室内装饰的一个亮点。上层2个筐里放电脑和相机,中层的藤编盒里放电线类。那些不想让人看到的东西放进天然材料编织的筐里,不会破坏家中整体风格。

藤编筐用自己喜欢的布盖住,既好看,又防尘,还便于清扫。

可重叠藤编长方形筐·中、可重叠藤编方形筐·大

冰箱收纳的关键道具,让放在里面的东西也容易拿出来

有一天,我无意中把"聚丙烯整理盒"放进冰箱,没想到大小正合适!更让人惊奇的是,3个调料瓶子放在盒子里也正合适!这让我实现了一个多年的梦想:"把做点心的材料一起整齐漂亮地放在冰箱里。"面粉放进冰箱不用担心潮湿问题,准备材料也更顺手。除了点心材料,干燥裙带菜、香料、啤酒等也收进冰箱。冰箱最上层、最里面的物品也能很方便地取出。很简单的小方法,解决了收纳的大问题。

聚丙烯整理盒2

使用亚克力分隔架，取碗拿盘更顺手

亚克力分隔架

碗盘叠放，想拿出靠下的就比较费事。用冂字形"亚克力分隔架"把空间分割开，就能解决这个问题！冂字形架子大多会在底部或上面、侧面加金属件，显得笨重。这款亚克力分隔架是透明材料的，很轻巧。这个分隔架的形状也很平滑，可以没有空隙地并排摆放，这也是让人欣喜的地方。

如果碗碟的收纳非常方便，那么根据料理选择适合的碗碟也是一种乐趣，不会产生"虽然有，但却很少使用"的问题。

用触感温和的木质餐具，盛放热乎乎的米饭

我喜欢木质的餐具。大号无印良品的木勺买了6支，家里人手1支+1支。大小合适、触感绝妙！和丈夫一起做的周末午餐，配一把自然风的木勺，马上有种咖啡店风格。

木制餐具放入陶瓷杯，看上去更有质感。

孩子们也能轻松打出大量泡沫的洗澡巾

柔软泡沫洗澡巾

"柔软泡沫洗澡巾",即使用低泡的天然皂,也可以很容易打出泡沫。我家的澡巾就这一块,全家公用。小孩子用也可以很轻松地打出泡沫,还能避免过量使用肥皂。

清洗干净后,拧一下挂在浴室的挂架上,马上就能干,从卫生角度考量,也很让人放心。

家里5个人频繁使用,耐用度也非常好。我已经忘了是什么时候买的了,但到现在都没有破损的迹象。性价比很高。

迷上这种厚重安稳的包装,对洁面泡沫的偏爱

柔和洁面泡沫

选择无印良品"洁面泡沫"首先缘于它的包装设计——即使只剩下很少的洁面泡沫,还是可以立着,直到用完最后一滴,都能安安稳稳地立着!

之前,我用过很多种洁面泡沫,都是使着使着就变得扁扁的,没法再立着,只能躺着放,让我感觉不整洁。无印良品"洁面泡沫"让我摆脱了这一困扰。作为一个热爱整齐的"收纳狂",看到洁面泡沫能一直整齐地竖立在它的位置上,这种感觉简直让我陶醉。当然,洁面泡沫洗完脸后的感觉也非常好,这也是我选择它的理由。

擦灰用的抹布用资料盒轻松收纳

洗衣机旁边的开放式架子，也是一处整洁的收纳空间，灵活度也很高。这里的收纳安排，拿出来方便，放进去容易，是我的得意设计。

架子的下层并排放着无印良品的"聚丙烯文件盒"，放洗衣液、备用浴液等。左边盒子里放着旧毛巾剪的抹布，清洁扫除我们全家人一起做，所以必须准备足够的抹布。资料盒内侧用塑料板做内衬，抹布可以一直码放到最上面，把盒子放满。

聚丙烯文件盒·A4用·白灰色
聚丙烯文件盒·宽型A4·用·白灰色

活用分隔板，让鞋柜的收纳空间翻倍

收纳餐具时非常有用的"亚克力分隔板"，在鞋柜中也能发挥大作用。在鞋柜里放进"亚克力分隔板"，如果是平跟鞋、凉鞋等，原来放一双鞋的位置可以放两双，收纳量倍增，可以充分利用鞋柜空间。

在我家，经常像这样"跨界运用"同一种无印良品商品。这也是无印良品的优势所在——因为收纳需求改变而重新布置，或者追求简约生活的断舍离，收纳用品在这里用不上，可能用别处刚刚好。这样广泛的通用性也是很多人迷恋无印良品的原因。

亚克力分类架

自然色的橡木两层床

橡木2层床、聚丙烯服装盒·抽屉式·大号

小尺寸，无压迫感的"橡木两层床"。自然色，和儿童房的氛围很搭配。即便是第一次组装，也能装得严丝合缝，不存在发出吱吱嘎嘎声音的可能。实实在在的做工，也让人感到无印良品优秀的品质。柔软的棕色床单也是无印良品的商品，由于便于铺装，孩子们自己也能收拾好床铺，能减轻母亲的工作量，非常喜欢。

床底下放了4个"聚丙烯服装盒"，现在还是空的，准备等孩子们到了参加社团活动的时候，用来装他们的练习服等。

让家人舒舒服服地入睡，柔软的亲肤感，体贴的寝具

开始喜欢无印良品的寝具，是在我家添置两层儿童床的时候。当时，在无印良品看到了与床尺寸相配的床罩，就买了下来。好的床罩一用就知道——有柔软舒适的亲肤感、能方便地装到床垫上、优秀的耐久性和速干性……满足我对寝具的所有要求！因为洗后干得很快，所以不需要替换用被罩，一套就够了。

file 007　秀一下我们的无印良品生活

去淘你喜欢的物品吧！
无印良品会让它们和谐

naomi女士
Instagrammer

全力以赴地照顾精力充沛的龙凤胎——育儿奋斗中。

即使在忙碌的育儿生活中，也希望每天都过得清爽舒适。反复地断舍离，重新考虑对小物品的收纳——把家里的东西尽量精减是我的目标。

我喜欢无印良品的盒子、抽屉，可以分类放置、用起来很方便，而且由于空间有限，也能有效地防止增加东西。

家庭构成	丈夫、长男（5岁）、长女（5岁）的四口之家
住所	三重县　独栋
Instagram	https://www.veryins.com/naomi703326
博客	https://minne.com/mionaomi

专为幼儿园物品安排的收纳空间，
紧张的早起准备工作像被施了魔法似的
轻松起来！

聚酯棉麻混合·软盒·长方形·小号和大号

一楼过道处，把上幼儿园的衣服、包、帽子等都放在盒子里，孩子们出门时自己就能准备好——整盒拿到房间换好衣服，拿上包、帽子就可以出门了；如果盒子里还有东西，就直接问孩子："那个东西你拿了吗？"——就这样从丢三落四的忙乱中解脱出来，早上的时间变得很轻松。

孩子们回家后我也要求他们自己收拾，让他们养成"自己事情自己做"的习惯。

小巧但功率强劲，
不会影响室内装饰的空气净化器

新买的这款"空气净化器"我很满意！以前的空气净化器是加湿一体机，但保养很麻烦。无印良品的"空气净化器"是简单的圆柱形设计，零件很少，收拾起来很方便。虽然尺寸小，但是功率强劲，可以对30榻榻米的空间进行净化，非常好用。

在我们家，孩子们一回来，从外面带来的灰尘立刻多了起来，净化器就自动开启"疯狂工作"的模式。真棒！

空气净化器

只管把东西往文件盒子里扔，
有了文件盒，收纳柜里非常整洁

餐厅里的收纳柜里，盒子起了很大的作用。乱七八糟、大小不一的书一起放进盒子里，看不到里面，从外面看干净整齐。使用时可以把盒子整个拿出来。盒子里的东西不用分得很细，根据用途或尺寸等扔进盒子里就好。不时地整理，就能保持整洁。妈妈整理的时候，孩子们也整理他们的玩具。我家的两个孩子收拾东西也挺干脆，断舍离做得很不错。

聚丙烯文件盒·A4用·白灰色

浴室用品统一为白色，像五星级酒店的浴室

PET替换瓶·白色·600ml用、泡沫球·大

洗发香波、护发素、浴液，用无印良品的换装瓶换好。只是这样处理一下，浴室马上就能提升档次。这让我重新认识了色彩的力量。我家的浴室本来看上去很普通，用白色统一后，马上有种星级酒店浴室的感觉。洗澡凳、洗面器等也选择了无印良品的。很喜欢亚光白，有种高雅的清洁感，看上去很舒服，真是浴室用品的最佳色。看上去不起眼的地方，稍微用点心，就可以变成让人身心愉悦的舒适空间。这也是我生活中的乐趣所在。

用磁铁钩子挂浴室清扫器具

铝合金挂钩·磁铁型、瓷砖刷、扫除用品系列·浴室用海绵

浴室清扫器具这样放在浴室里，随手就能收起和取用，非常方便。以前，它们是用S钩子挂在毛巾杆上的，但两个孩子洗澡时很容易碰到后背。后来从别人的微博上看到："磁铁钩子固定在浴室墙上很好用。"要感谢这位推荐人士，真是一个好办法。以前我根本不知道浴室的墙有磁性！！马上我家也用上了，固定在浴室门后。"铝合金挂钩"上挂着海绵、刷子等。

在这里，我把这个方法推荐给大家。

**在架子里面整齐地码放着抽屉箱，
洗面台的收纳令人心情愉悦**

洗面台后是带门的壁橱式收纳空间。能把这处有限的空间利用好，无印良品抽屉式收纳箱功不可没。毛巾类放在"聚丙烯抽屉式收纳箱"里，竖着放进柜子，选东西时很方便，放进去也轻松。浅口的收纳箱里放卷发器、吹风机、药、化妆品等。

抽屉边上的位置，正好放晾衣架。

聚丙烯收纳箱·抽屉式·薄型·深、聚丙烯收纳箱·抽屉式·浅型、丙烯收纳箱·抽屉式·浅·白灰色

**利用抽屉的深度，
活用化妆盒的方法**

比较深的抽屉怎么用才能更方便？我的方法是：用无印良品的"化妆盒"来放餐具，把不常用的客用杯、碟按类集中放在这里。这样更节省空间。

漆器汤碗、有盖子的茶壶等，放在半号尺寸的盒子里。尽管这些物品尽管很少用到，但是就像妈妈对我说的："家里绝对要有！"有事庆祝或招待客人时，就需要它们出场了。

化妆盒2层叠加起来使用，正好和抽屉的高度一致，很合适。

聚丙烯化妆盒、聚丙烯化妆盒·1/2

宽敞、完美的厨房收纳，想一直看下去，一直欣赏下去

只要一打开厨房的吊柜，就会觉得心情舒畅。严选每件东西，这里实现了"只占用70%空间"的收纳目标。文件盒有圆孔，伸进手指就能把盒子拉出来。放在较高处也可以方便取放。

重新精减了必需物品，有一半以上的盒子都是空的。虽然我不是极简主义者，但一看到那些"不会用到的东西"还平白地占用着空间，就忍不住要断舍离。空下来的位置放些别人送的点心、临时使用的东西等。

玩完的玩具要放回原处，不玩的及时处理掉，孩子们也有使用方便的玩具收纳空间

和式房间的柜子，存放了孩子们90%的玩具。下层放着无印良品的抽屉盒和架子。在抽屉上贴好标签，指定好放东西的地方。两个孩子都认识平假名，所以可以找到想找的玩具，玩完后放回到原处。放在高处够不着的玩具，如果是喜欢的玩具他们一定会记得，会说"妈妈帮我拿一下"，但是其中有的玩具他们也都忘记了。不玩的玩具放在高处准备扔的玩具盒子里，如果过了一两个月，孩子们还是没想起来，这些玩具就处理掉。

纸质盒子·细长·2层·本色、聚丙烯盒子·抽屉型·深型、聚丙烯盒子·抽屉型·浅型·3层

天然水和天然植物的保湿成分，让敏感肌肤也能得到更好的滋养

无印良品的化妆品很适合敏感皮肤。我喜欢用无印良品的卸妆油、洗面泡沫、化妆水、乳液、美容液，还有眼线笔。尤其化妆水，无香料、无色素、无矿物质油、无酒精，非常温和，脆弱的敏感肌肤可以放心使用，而且很亲肤，感觉水分一下子就能渗透到皮肤里。无印良品的护肤品量大而且价格合适，奢侈地使用也没有问题。

化妆品都放在洗面台镜子的后面。无印良品化妆品的容器设计简约，我很喜欢。

洗面泡沫·敏感肌肤用、卸妆油·敏感肌肤用、化妆水·敏感肌肤用·湿润型、乳液·敏感肌肤用·高度保湿型、敏感肌肤用all in one美容液

用可挪动的盒子放胶带很方便

和孩子们做手工时使用的胶带，总是不断购买、不断增加。选择无印良品的"聚丙烯移动(carry)收纳盒"专门放胶带，非常利索。有手扣，拿起来比想象中方便。胶带在里面一目了然，整齐好找。这种盒子相同尺寸的可以重叠着放。盒里的剪刀也是无印良品的，氟树脂材料，剪胶带时不易粘连，很好用。

聚丙烯移动（carry）收纳盒·宽型·白灰色、不锈钢剪刀

file 008 秀一下我们的无印良品生活

站在使用者立场制作的商品,充满魅力的实用、简洁之美

bota女士
Instagrammer

我们努力的方向,是使家庭里的每位成员都能感觉到舒服,物品使用也很便捷。
东西放在顺手的地方,还要显得干净清爽,怎么设计才合理呢?
这种理想的家居布置,不是一次就能设计到位的,需要一点点地修改。这也是一种乐趣。
无印良品的商品,设计洗练,实用性强,很有魅力,
价格也比较亲民,如果有喜欢的商品,还可以轻松试用,这一点也很难得。

家庭构成	丈夫、长女（21岁）、长子（17岁）的四口之家
住所	广岛县　独栋
Instagram	https://www.veryins.com/ta___kurashi

有创意地将水槽旁的墙壁做成布袋收纳区

有机棉包A4、有机棉包B5

客厅的家具没有抽屉,我用布袋收纳术。水槽旁挂了三个无印良品"有机棉包",分别放狗狗的厕垫和扫除用纸巾、环保购物袋、孩子们的便当袋和餐垫。用挂袋收纳,取出和放入都更容易。本色布袋没有图案,设计简单,装较多东西也不会扎眼。有些东西不想摆在外面,但希望能随手取放,就可以用这种布袋收纳术。

设计精美让人陶醉的同时，还很实用的珐琅容器，以及密封保存容器

只要看到珐琅制品，我就会感叹"为什么这么漂亮"。实在太喜欢珐琅了，我家用的都是无印良品的珐琅容器。

尺寸从小到大很丰富，可以叠放收纳，节省空间。珐琅容器当作蛋糕模具。可以直接端进烤箱烤制，做成冷却后直接端进冰箱存储，中间不必更换、清洗容器。

微波炉适用的密封盒也是使用频率很高的产品，也可以当冰箱保鲜盒。

液体和气味不外漏·附带阀密封珐琅制保存容器、附带阀密封保存容器·小和深型·中号（微波炉适用）

使用频度高的餐具，竖着放在架子上收纳

吃饭时用的筷子、勺子，放在开放式的架子上，更方便。无印良品的"餐具筒"重心靠下，很稳，而且设计简洁，很耐看。筷子、金属勺子、木质餐具分别放在三个餐具筒里，然后放在托盘中，看上去更加整洁。

旁边还放着做饭时必需的量杯和案板。案板用来切面包、切黄油，也可以当作蛋糕托盘，或者作为放点心的盘子等，用处很多。

瓷器餐具筒·本色、耐热玻璃量杯·500ml、橡胶材案板·圆形

厨房收纳：开放式架子+抽屉式盒子+整理盒

厨房用开放式架子+"聚丙烯抽屉式盒子"做收纳。盒子的宽度和架子的深度刚好合适。我在抽屉式盒子中放了一些"整理盒"，放小餐具、蛋糕模具、筷子架等，一目了然，用起来很顺手。

为了让厨房收纳整洁、方便，我一次又一次地调整，孩子们经常说"怎么位置又变了"。我的寻找最佳收纳术之旅将一直继续。

聚丙烯抽屉式盒子·横宽·薄型、聚丙烯整理盒1和2

好用又漂亮的厨房用品和日用杂货

来看看金属网筐和整理盒里放的物品。"陶瓷擦菜器"用来做萝卜泥、土豆泥。这款陶瓷擦菜器很稳，擦碎食品时不会随意晃动，用起来很舒服。"不锈钢擦菜板"用来擦碎大蒜、生姜等佐料。旁边的筷子是为客人准备的，也可以在庆祝的日子里用。吸油纸，招待客人时非常有用。金属筐中还放着"落棉抹布"，质地优良，清洗之后很容易晾干，是擦桌台和打扫厨房的得力助手，还可以盖在餐具或者食材上，防止落灰。

18-8不锈钢网筐·2、陶瓷擦菜器、不锈钢擦菜板、落棉抹布·12块组·带彩色边缘

制作梅酒、梅汁是初夏的乐趣，令人着迷的甜香味道

果酒用瓶子（夏天限定）

听说申年（注：猴年）的梅子可以带来好运，从去年开始尝试做梅酒和梅汁。梅汁很受孩子欢迎，一做好就被喝光。梅酒，有时我和女儿边聊天边小酌，还可以加冰块和苏打水，是夜色降临后的最爱。我第一次做的梅汁梅酒，味道竟也十分浓郁。梅酒制作成功，我又开始做柠檬酒。这种制作和享受果酒的乐趣令我着迷。

无印良品的"果酒用瓶子（夏天限定）"瓶口很大，使用方便，也可以用于存放滴滤咖啡的包装、麦片等。瓶子的设计真漂亮，不愧是无印良品。

常用的厨房用品整洁地收纳起来，不显得拥挤，取用方便

聚丙烯整理盒1、2、3

最近重新整理了厨房的抽屉，做了严格筛选。严选后留下的东西放入"聚丙烯整理盒"，看上去整齐干净。这种整理盒尺寸多、型号丰富，可以根据需要随意组合，组合之后正好能够放进抽屉中，简直像量身定做的。那一刻我不禁一个人笑了出来。

盒子脏了可以整体拿出来清洗，很卫生。这种清爽真令人舒服，我会努力保持这个状态。

盒子下面贴了在百元店买的防滑垫，可以防止推拉抽屉时盒子晃动、移位。

脏了可以立刻整体清洁的
小号垃圾箱

无印良品的"聚丙烯垃圾箱"专门放生鲜类垃圾。盖子可以防止生鲜垃圾的味道散出来,设计得很贴心。垃圾箱上有用来扣住袋子的金属条,可以很好地固定住垃圾袋。

垃圾箱尺寸比较小,平常放在洗碗池的边上,洗菜做饭时可以直接拿到洗碗池的中间,烂菜叶等垃圾直接扔进去就好。小巧的垃圾箱,清洗起来也不麻烦。我定期做整体清洗,盖子可以拿下来,简洁流畅的设计,让每个边角都可以轻松清洗,最后再喷上消毒液,就完成了。

聚丙烯垃圾箱·方型·带袋扣/小号

简洁、可挂,方便更换不同的清洁刷头,
为这种些贴心的设计喝彩

洗脸台的收纳空间有限,泡沫、刷子等用具只能挂在壁橱下的挂钩上,但并不杂乱,这归功于无印良品的简洁设计。物品统一为白色,即便形状、尺寸不同的东西,放在一起也显得整齐。根据场所不同更换清洁刷头的设计,非常贴心。厨房里也用挂的方式收纳清洁用具,木柄的手感很好。

扫除用品系列·轻量短杆、扫除用品系列·浴室用海绵、扫除用品系列·刷子

洗面台下面的空间正好放"聚丙烯储物柜"

洗面台下收纳空间不易利用。水管碍事、高度受限等问题,可以用无印良品的"聚丙烯储物柜"解决。高度、深度正好,还能遮挡水管。柜子里存放着肥皂、洗涤液、香波、烫发夹、清洁用小苏打等。

旁边文件盒放清洁浴室的物品,空隙放电子秤,充分利用了空间。

聚丙烯追加用柜子·浅型和深型、聚丙烯文件盒·标准型·A4用·白灰色

漂亮的洗衣筐让每天的洗衣时间都快乐起来

我买了喜欢的不锈钢洗衣筐。直径36cm的小号正好够用。设计简单、非常结实,要洗的衣服放进去不会团成球,金属条也不会刮坏衣服。最让我满意的是:洗衣筐往那里一放,就像一件漂亮的装饰品。自从买了这个洗衣筐后,总是很想使用它,所以开始经常洗衣服。每次从筐里拿出要洗的衣服时,都不由得面带微笑——美好的家庭用品就像一个开关,为我开启了快乐做家务的模式。

不锈钢洗衣筐·小号

DIY架子+统一的收纳用品，楼梯下方收纳库的改造攻略

楼梯下方收纳库的纵深方向还有空间，因此着手开始改造。我在里面安置了架子，然后整理好物品，分类放在无印良品的收纳用品里。这个收纳库比较矮，弯腰才能进去，纵深较深，呈L字形，确实很难利用。现在还在不断尝试、不断失败的阶段，但是一眼看过去，已经非常整齐清爽。

纸板文件盒里放书和杂志等，不锈钢网筐里放卫生纸。初夏时腌制的梅酒和柠檬酒也放在这里，腌好就可以拿出来美美地享用了。

一按成型纸板文件盒·5枚组·A4用、一按成型纸板立式文件盒·5枚组·A4用、18-8不锈钢网筐·5

遮盖内部杂乱，轻松实现整齐外观

文件盒和藤筐排列放在大壁橱里。因为收纳改造还没有完成，所以盒子里的东西很杂乱，但从外面看很整齐。这还是得益于无印良品的简约设计。

文件盒里放一些日用品和书等，藤筐里放孩子们的相册等。今后的目标是内部看不见的地方也要好好分类整理，让物品使用起来更加方便。孜孜不倦地对收纳进行梳理整顿，让我乐在其中。有时收纳改造进行得非常顺利，看到改造后整齐清爽的空间，那种喜悦无以言表。

聚丙烯文件盒·标准型·宽型·A4用·白灰色、可叠放长方形藤筐·小和中、长方形藤筐用盖子、正方形藤筐·特大号、正方形藤筐用盖子

被暖暖的毛毯包围，午后的幸福

沙发上盖的是无印良品的多用布，是以前购买的毛织品（已停止销售）。美中不足的是，它太温暖舒适，我一坐上去就不想动了。有时本想随意躺在那里睡个小午觉，但最终却睡了一下午。我的爱犬也很喜欢这个毯子，经常卧在上边蜷成一团。

无印良品的多用布根据季节不同有很多种材质，因为是大尺寸，可铺在床上作为寝具，也可盖在腿上当毯子。

照亮手边的袖珍LED灯

LED夹子灯

墙边放着一张电脑桌，正上方没有灯，晚上桌面上有些暗。曾经想放个台灯，但桌面上空间不大，一直没有实施。帮我解决这一困扰的是"LED夹子灯"，把它夹在电脑上方的搁板边就可以了。虽然是袖珍型，但是亮度无可挑剔，柔光完全可以照亮需要的范围，晚上工作也变得非常方便。因为是节能出色的LED灯，可以使用很长时间。这一点也很让我中意。

| file 009 | 秀一下我们的无印良品生活 |

打造清爽简洁的房间，
舒适的高级感

yuki_00ns女士
Instagrammer

非常喜爱无印良品简单又耐看的设计，能与各类装修风格亲密融合，
收纳用品的种类丰富，可以简单地打造清爽舒适的房间；
借助无印良品的协助，每天都过得非常开心，
尤其中意"藤编篮"，高品质并且温馨的装饰氛围让我家的简单内装提升了格调，是我非常喜欢的一款商品。

家庭构成	丈夫、长女（11岁）、次女（2岁）四口之家
住所	大阪　独栋（4LDK）
Instagram	https://www.veryins.com/yuki_00ns

一人使用一个"藤编篮"就可以实现个人管理，
脱下的衣服不会乱放

架子每层可以放两个无印良品的篮子。下面四个篮子一人一个，放家居服或睡衣。上层篮子里放我出门用的包。"衣物类吸尘器"竖立摆放，不碍事，换好衣服后可以顺手除尘。
　　架子顶上放"软盒·衣物类用"，里面是手提旅行包等不常用的物品。这种盒子不积灰。

可重叠藤编长方形篮·大、衣物类吸尘器、聚酯棉麻·软盒·衣物类用·大号

通过分类收纳来重新评估家里的东西，处理掉不需要的，实现清爽收纳

客厅的家具只有这个有收纳柜。我使用无印良品的商品，充分利用了这处有限的空间。

上层的"聚丙烯小物品收纳盒"分类放置记账本等管理用品。6层收纳盒重新组合成3列×2层，正好可以放到小柜里。书籍分类放在"聚丙烯文件盒"里，随时清理，防止增加不需要的东西。

聚丙烯小物品收纳盒6层·A4纵向、聚丙烯文件盒·标准型·A4用·白灰色

客厅小物品收纳时大显身手的藤编篮、丈夫专用的桌内收纳盒

我用"藤编篮"收纳客厅里的小物品。"藤编篮"跟家具及地板颜色很搭，家里很多地方都能用。

"聚丙烯桌内收纳盒"是丈夫专用的，丈夫常在客厅使用的指甲刀、面部按摩仪等全放在里面。有把手，方便拿到沙发上用。丈夫一用这盒子，就会夸奖"实在太好用了"。"藤编篮"平时放在茶几下面，清爽利落。

可重叠藤编长方形篮·小号、可重叠藤编长方形盒子·小号、聚丙烯桌内收纳盒·宽型·白灰色

在家里一边看商品目录，一边考虑如何搭配组合，真是一件快乐的事

不锈钢组合架·不锈钢架组合·宽型·灰色、不锈钢组合架·追加用金属网筐·灰色、不锈钢组合架·隔板（聚丙烯）·浅灰、聚丙烯收纳盒·横宽·大号·4层、聚丙烯收纳盒·抽屉式·横宽·深型

我家的储藏室是无印良品的宝库，并排放置着"不锈钢组合架"和"聚丙烯收纳盒"。无印良品的商品目录标明了大小规格，可以在家一边测量放置场所的尺寸一边慢慢选择。可以避免"放不进去！"或"买小了，还有好多空间！"之类的失败。

中间的"不锈钢组合架"上安装了"金属网筐"和"隔板"，都是无印良品的商品，尺寸正合适，可以安心使用。思考各种组合也是无印良品带来的家居乐趣之一。

有各种尺寸及材料可以选择，摆放出恰好到处的样子，是一种小幸福

可重叠藤编长方形篮·小、聚丙烯整理盒2、木制盒、木制·方形托盘

吧台柜子里放餐饮用品，看到4个"藤编篮"严丝合缝地放进去，真是开心。"聚丙烯整理盒"像拼图一样组合起来放餐具，非常清爽。只有一个"木制盒子"，有客人时可以拿出来使用。"木制盒子"和菜品放在"木制·方形托盘"上，非常搭。

**水壶放在"文件盒"里更好管理，
能避免它们滚动或倒下；
在浅抽屉里使用"无纺布隔断盒"**

水槽下面放着"聚丙烯文件盒"，幅约15cm的"宽型"盒放两列洗剂，幅约10cm的"标准型"盒放水壶。水壶的收纳曾让我很烦恼——立放容易倒，横放到处滚……现在像这样放进盒子里，大小合适，稳稳当当。

下层抽屉本来放着烤盘等物品，但如果只放偶尔使用的物品，浪费空间，而且这层抽屉很浅，放东西不太方便……把"无纺布隔断盒"的高度调整后放入抽屉，简直太合适了！

聚丙烯文件盒·宽型/标准型·A4用·白灰色、可调节高度无纺布隔断盒·小号·2件装

**在玄关放置各种收纳用品，
这些收纳用品即使摆在明面上，也整齐利索，
毫不杂乱**

玄关处放着鞋柜，旁边架子每层放了两个"软盒"。盒子上有把手，拉取方便。其中一个软盒中放了"无纺布隔断盒"，放手绢和纸巾，方便出门时随手拿取。

外面玩的玩具放在"聚丙烯结实收纳箱"里。这种收纳箱很结实，在院子里玩的时候可以直接当凳子用。收纳箱的旁边放着清扫院子时使用的"聚丙烯水桶"。

聚酯棉麻混·软盒·长方形·小号和大号、可调节高度无纺布隔断盒·小号·2件装、聚丙烯结实收纳箱·小号、聚丙烯水桶·附盖

喜爱的化妆品像装饰品般摆在柜子里，每次打开柜子都觉得"被治愈"了；整齐收纳吹风机

我曾做过与化妆品相关的工作，所以特别喜欢化妆品。我把它们摆放在"亚克力收藏盒"中展示，非常爱惜。每次打开镜子门，展现在我面前的就是这个令人愉悦的化妆品空间。

洗面台下抽屉里放着"无纺布隔断盒"，调整成适合抽屉的高度，放吹风机。吹风机主体和电源线分开放，可以防止电源线缠绕，早上使用时更加方便快速。

背面不透明亚克力收藏盒·4×4小格、可调整高度无纺布隔断盒·小号·2件装

书桌的抽屉里使用"整理盒"进行收纳，孩子们也有了整理的意识

这种整理盒在Instagram上得到广泛好评。11岁大女儿的书桌抽屉里用了这种"聚丙烯整理盒"，有适合装铅笔的细长盒子，有适合装笔记本的宽盒子，有适合装琐碎物品的小盒子。所有物品大概分类后，在抽屉里放了盒子的组合。最终哪个盒子装什么，由女儿自己决定。

女儿高兴地说："整理起来真是比原来方便多了！"孩子也希望能保持这种整齐，不会乱放。这样的盒子组合有助于孩子从小养成"爱收拾、爱整齐"的好习惯。

聚丙烯整理盒1、2、3、4

每天使用着自己喜欢的商品，更快乐地做家务

我为更衣间寻找合适的架子时，发现了这个组合架。这个"不锈钢组合架"没有背板和侧板，通透，没有压迫感。如果用存在感很强的架子，会让更衣间显得狭窄。

我在架子旁边挂了一个"铝制S形钩子"，正好把便携式吸尘器挂在这里，真是让人快乐的完美组合。更衣间里难免会有掉的头发或衣服线头之类，在这里放一个小吸尘器，随时可以吸尘清洁。这种"铝制S形钩子"也是我喜欢的亚光材质，看着就舒服。做家务时，这些可爱的物品，总会带给我的小小幸福感。

不锈钢组合架·桦木板组合·宽型·大号， 铝制·S形钩子·大号

丈夫出差前的行李收拾，全部拜托无印良品

丈夫出差前我会帮他收拾行李。这个可自由调节拉杆高度带轮锁硬壳拉杆箱，轮子可以锁定，很安全。我用"折叠分类收纳包"装好衣物，平整地码在箱子里，这样衬衫不会起皱、变形。

"EVA袋子"里放洗漱品和毛巾等。在从酒店房间去大浴场时，他会用"EVA防水袋子"装替换衣物等。袋子的设计很简单，男女通用。托无印良品的福，丈夫对我帮他收拾的行李总是非常满意。

可自由调节拉杆高度带轮锁硬壳拉杆箱·60L、滑翔伞材质可折叠分类收纳包·小号和中号·黑色、EVA袋子·大号、EVA防水袋子·大号

让孩子用质地轻巧、便于移动的桌子

与客厅相邻的一角是孩子的空间，摆在这里的"コ字形家具"是孩子的专用桌。把它靠墙放，就是写字台，把它放在中央，就是休闲娱乐桌。2岁的二女儿常在这个桌子上招待小朋友们喝茶。因为桌子很轻，11岁的大女儿可以轻松搬动，随意摆到她想摆放的地方，非常方便。

コ字形家具·胶合板·桦木材·幅70cm

悦读阅美·生活更美

好书推荐

《女人 30+——30+ 女人的心灵能量》
（珍藏版）
金韵蓉 / 著
畅销 20 万册的女性心灵经典
献给 20 岁：对年龄的恐惧会变成憧憬
献给 30 岁：于迷茫中找到美丽的方向

《女人 40+——40+ 女人的心灵能量》
（珍藏版）
金韵蓉 / 著
畅销 10 万册的女性心灵经典
不吓唬自己，不如临大敌，
不对号入座，不坐以待毙。

《时尚简史》
[法] 多米尼克·古维烈 / 著　治棋 / 译
法国流行趋势研究专家精彩"爆料"
一本有趣的时尚传记，一本关于审美
潮流与女性独立的回顾与思考之书。

《优雅是一种选择》（珍藏版）
徐俐/著
《中国新闻》资深主播的人生随笔
一种可触的美好，一种诗意的栖息。

《像爱奢侈品一样爱自己》（珍藏版）
徐巍/著
时尚女主编写给女孩的心灵硫酸
与冯唐、蔡康永、张德芬、廖一梅、
张艾嘉等深度对话，分享爱情观、人生观！

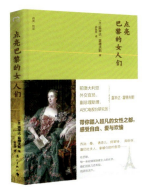

《点亮巴黎的女人们》
［澳］露辛达·霍德夫斯/著　祁怡玮/译
她们活在几百年前，也活在当下。
走近她们，在非凡的自由、爱与欢愉中
点亮自己。

悦读阅美·生活更美

《中国绅士（珍藏版）》
靳羽西 / 著
男士必藏的绅士风度指导书。
时尚领袖的绅士修炼法则，
让你轻松去赢。

《中国淑女（珍藏版）》
靳羽西 / 著
现代女性的枕边书。
优雅一生的淑女养成法则，
活出漂亮的自己。

《识对体形穿对衣（珍藏版）》
王静 / 著
体形不是问题，会穿才是王道。
形象顾问人手一册的置装宝典。

《选对色彩穿对衣（珍藏版）》
王静 / 著
为中国女性量身打造的色彩
搭配系统。

116

《玉见——我的古玉收藏日记》
唐秋 / 著　石剑 / 摄影

享受一段与玉结缘的悦读时光，
遇见一种温润如玉的美好人生。

《与茶说》
半枝半影 / 著

茶入世情间，一壶得真趣。
这是一本关于茶的小书，
也是茶与中国人的对话。

**《我减掉了五十斤
——心理咨询师亲身实践的心理减肥法》**
徐徐 / 著

让灵魂丰满，让身体轻盈，
一本重塑自我的成长之书。

**《管孩子不如懂孩子
——心理咨询师的育儿笔记》**
徐徐 / 著

资深亲子课程导师20年成功育儿经验，
做对五件事，轻松带出优质娃。

WATASHITACHI NO MUJIRUSHIRYOHIN LIFE
© SHUFUNOTOMO CO., LTD 2017
Originally published in Japan by Shufunotomo Co., Ltd.
Translation rights arranged with Shufunotomo Co., Ltd.
Bardon Chinese Media Agency.

桂图登字：20-2018-111

图书在版编目（CIP）数据

我们的无印良品生活/日本主妇之友社编著；张峻译.--桂林：漓江出版社，2019.1
ISBN 978-7-5407-8520-8

Ⅰ.①我… Ⅱ.①日…②张… Ⅲ.①家庭生活—基本知识 Ⅳ.①TS976.3

中国版本图书馆CIP数据核字（2018）第210104号

我们的无印良品生活 （Women De Wuyin Liangpin Shenghuo）

作　　者	［日］主妇之友社 编著
	张　峻 译
出 版 人	刘迪才
出 品 人	符红霞
策划编辑	符红霞
责任编辑	杨　静
助理编辑	赵卫平
摄　　影	松木润（主妇之友社摄影科）（P8—7、26—23、40—44）
	土屋哲朗（主妇之友社摄影科）（Column部分）
	松竹修一（松竹摄影工作室）（P18—25）
封面设计	孙阳阳
美编制作	王道琴
责任校对	王成成
责任监印	周　萍
出版发行	漓江出版社有限公司
社　　址	广西桂林市南环路22号
邮　　编	541002
发行电话	010-85893190　0773-2583322
传　　真	010-85890870-814　0773-2582200
邮购热线	0773-2583322
电子信箱	ljcbs@163.com
网　　址	http://www.lijiangbook.com
印　　制	北京尚唐印刷包装有限公司
开　　本	710×1000　1/16　印　张　7.5　字　数　117千字
版　　次	2019年1月第1版　印　次　2019年1月第1次印刷
书　　号	ISBN 978-7-5407-8520-8
定　　价	48.00元

漓江版图书：版权所有，侵权必究

漓江版图书：如有印装问题，可随时与工厂调换

女 性 生 活 时 尚 第 一 阅 读 品 牌
□宁静 □丰富 □独立 □光彩照人 □慢养育

悦读阅美，生活更美